Series of Indoor Design and Building Decoration

室内设计与建筑装饰丛书

丛书系列 03

SKETCH DRAWING TECHNIQUE

手绘表现技法

第二版

洪惠群 著

华南理工大学出版社
·广州·

图书在版编目（CIP）数据

手绘表现技法/洪惠群著. —2 版. 广州：华南理工大学出版社，2010.6（2012.7 重印）
（室内设计与建筑装饰丛书）
ISBN 978-7-5623-3061-5

Ⅰ.①手… Ⅱ.①洪… Ⅲ.①室内设计-建筑制图-技法（美术） Ⅳ. ①TU204

中国版本图书馆 CIP 数据核字（2010）第 049684 号

总 发 行：华南理工大学出版社（广州五山华南理工大学 17 号楼，邮编 510640）
营销部电话：020-87113487 87110964 87111048（传真）
E-mail: scutc13@scut.edu.cn http://www.scutpress.com.cn
策划编辑：王魁葵 赖淑华
责任编辑：赖淑华
技术编辑：杨小丽
印 刷 者：佛山市浩文彩色印刷有限公司
开 本：889mm × 1194mm 1/16 印张：9 字数：250 千
版 次：2010 年 6 月第 2 版 2012 年 7 月第 9 次印刷
印 数：15 001 ~ 17 000 册
定 价：48. 00 元

新领域®

室内设计与建筑装饰丛书

编辑委员会

序

随着建筑技术、材料的发展和国民生活水平的提高，人们对建筑室内外环境质量的要求也越来越高，市场急需大批优秀的室内设计人才。深圳市新领域职业培训中心长期致力于室内设计与建筑装饰培训工作，并以先进的培训理念和显著的培训效果闻名于中国室内设计界，被誉为室内设计界的“黄埔军校”。

为帮助广大从业人员和在校学生提高室内设计的理论水平和设计实战能力，同时也为促进室内设计及相关专业的教材建设，深圳市新领域职业培训中心特组织广东省室内设计界的著名专家、教授编写了这套丛书。本丛书以专业性、严谨性为基础，突出实用性和系统性，论述详简适宜，既可作为高等院校室内设计与建筑装饰专业的教材，亦可作为相关专业的高级培训教材。

这套丛书包括《装饰材料与施工工艺》、《建筑装饰工程概预算与招投标》、《手绘表现技法》、《室内设计制图》、《室内设计制图习题集》、《Auto CAD室内设计工程制图》、《室内外高级电脑效果图制作》、《速写》、《素描》等。

本教材在编写过程中,得到李国生、黄水生教授的热情指导，并给予了技术上的支持，同时，也得到广州大学建筑与城市规划学院院长董黎博士的大力支持，以及杨安、陈立新、洪野等同志的热心帮助，在此，谨对他们做出的努力表示衷心的感谢！

室内设计与建筑装饰丛书编委会主任
深圳市室内设计国家职业技能鉴定所所长
深圳市室内设计师协会副会长兼秘书长

深圳市新领域职业培训中心网址www.xlypx.com

前　言

本书根据现代社会发展的需要与建筑学、室内设计专业初学者的需要以及表现技法教学特点，对所编排的内容采用“直接切入”的做法，进行全面的改版。改版后更加适合目前以“零”美术基础入学建筑学专业群的学生，且在教学时数减少的教学背景之下，以达到“会用”的教学目的。为此，根据目前的设计师工作特点，不论是室内篇还是室外篇，在教学上，均是按照技法基础、技法练习和技法应用三个教学环节来安排。

技法基础以强调基本的表现能力学习为教学目的。从技法的基本要求、基础方法开始，为下一阶段的学习打下一个良好的绘画基础。

技法练习以强调基本技法的模仿学习为主要教学方法。按从小到大、从易到难、循序渐进的思路安排学习的内容。从临摹练习中了解技法，进而理解技法，加上“量化”的学习方式，直至熟悉技法，从而形成符合自己的技法习惯。

技法应用以强调“学为所用”的教学目的安排教学计划，主要通过改画、重画、续画等教学途径，逐步过渡到技法应用，达到能够独立表现任何形象、空间的设计意图的目的。

本书改变以往同类型教材常用的形式，使之既可作为教材，又可作为练习簿。一是省去了初学者需要花时间到市场上购置纸张；二是可以随时手捧“练习簿”练习；三是临摹图幅面大，并且加注原图所采用的绘画工具，便于初学者观察绘画笔触和模仿技法学习。

作者

2010年4月

目录

第一章　徒手表现基础

●教学目的

本章以学习技法练习所需的基本功为主要任务。其目的：学好徒手绘画的透视技巧以及了解常用的快速表现所需的绘画工具，并且熟悉马克笔表现的常用技法，为下一阶段的技法学习打下必要的基础。

●教学内容

(1) 介绍徒手表现图常用的材料与工具。绘画工具，主要围绕快速、方便的绘画工具而介绍。

(2) 了解基本的徒手透视成图画法。徒手透视是以简便、易掌握为目的教学内容。

(3) 技法基础训练方法。主要以马克笔为绘画工具，针对不同的造型物，介绍相应的表现方法和用笔技巧。

●学习要点

(1) 绘画工具的选择，不是以价钱的高低来衡量，而是以顺不顺手来比较。目前文具市场的绘画工具千姿百态、五花八门，哪一种最好很难说。因此，只要自己喜欢、顺手、效果可以就行了。当然，也有很好用的，但价格很高，学生学习阶段没有必要选择太贵的绘画工具，先买经济实用的，等有了一定的绘画水平（或经济能力），再买贵的。

(2) 徒手透视是徒手绘画的基本功。不论是室外快速表现还是室内快速表现，常用的是“一点透视”和“两点透视”。因此，学习徒手透视时，要活学活用，切忌“一板一眼”地去学习。只有掌握了其中的原理和基本规律，才能做到得心应手。

(3) 徒手透视的最高境界是随心所欲，想到哪里就能表现出那里的效果。

(4) 工程设计类效果图的绘画基础，重点在于素描基础。对于色彩基础，只是要求掌握色彩的基本知识与画面的色调关系即可，无需采用写实色彩表现。基础学习分为以下四个阶段：

第一阶段，静物写生。要求：透视准确，线条流畅。

第二阶段，写生练习。要求：正确观察物体，对表现的对象艺术取舍，并迅速而又准确地画出造型。

第三阶段，色彩练习。要求：注意色彩的层次，画面色彩多了显得乱。

第四阶段，临摹练习。要求：在临摹学习中理解其要领。

第一节　徒手表现图常用的材料与工具

一、常用画纸

对于画纸，视作图的要求来确定。学习徒手表现，建议采用复印纸作为练习之用；而在设计方案表现时，建议采用绘图纸、水彩纸、马克笔专用纸以及描图纸（硫酸纸）。不过，不论采用何种画纸，在正式绘图前，都必须先熟悉所选用纸的性能。下面介绍十种画纸的特性：

(1) 素描纸：纸质较好，表面略粗，耐擦，稍吸水。

适于表现图：（彩色）铅笔画、钢笔画。

(2) 水彩纸：正面纹理较粗、蓄水力强；反面稍细，也可利用；耐擦，用途广泛，宜作精致描绘的表现图。

适于表现图：水彩以及淡彩类表现图（钢笔淡彩、彩色铅笔淡彩）。

(3) 水粉纸：较水彩纸薄，纸面略粗，吸色稳定，不宜多擦。

适于表现图：水粉表现图。

(4) 绘图纸：纸质较厚，结实，耐擦，表面较光、细腻。

适于表现图：宜于精致描绘的表现图，虽不适宜水彩，但适宜水粉表现图，也用于钢笔淡彩及马克笔、彩铅（淡彩）笔表现图。

(5) 铜版纸：白亮光滑，吸水性差，遇水起皱。

适于表现图：适宜钢笔、针管笔（黑白图效果极佳）、马克笔等工具所描绘的表现图。

(6) 马克笔专用纸（多为进口）：纸质稍厚、光滑。

适于表现图：马克笔表现，效果极佳。

(7) 色纸：色彩丰富（多数为中性低纯度颜色）、品种齐全，纸质介于水彩纸和绘图纸之间。

适于表现图：（彩色）铅笔画、水粉表现图（可根据需要选用适于表现的色纸，易于控制色调）。

(8) 卡纸、书面纸、牛皮纸：熟悉其性能后也可成为进口色纸代用品，纸质厚、硬，一般吸水性差，吸色性较强（即上色后，色彩变化干湿两样），不易控制效果。也多为工业用纸：如印刷、包装等。

适于表现图：钢笔画、水彩干画法、水粉画等表现图。

(9) 描图纸（硫酸纸）：半透明，遇水收缩起皱；常作拷贝、晒图用。

适于表现图：宜于钢笔、针管笔和马克笔所作的表现图。

(10) 复印纸：纸质薄、不耐磨，遇水收缩起皱，但少许水色尚可。

适于表现图：草图表现。

二、常用画笔

草图，常用硬笔类，如铅笔、钢笔。方案，则常用单色的硬笔类再加上色彩，能使画面的视觉效果更加直观、明了。建议初学者徒手表现时，选用下列工具（图1-1）：铅笔、钢笔、水溶性的彩色铅笔、（一次性）针笔以及水性（油性）马克笔（宽笔头、细笔头均备用为好）。

常用画笔的特性和用途简介如下。

1. 硬笔类

(1) 铅笔（炭笔）：H系列为硬，B系列为软，HB为中性；常用中、软起稿，可深可浅，便于擦改。炭笔可归此类，色黑深沉，但不能与铅笔同画一幅画。

用途：宜作素描表现图、方案草图。

(2) 钢笔（沾水钢笔）：宜书、宜画，方便、快捷。不足之处是有时会突然没有墨水。

用途：设计师常用于速写、勾勒草图和快速徒手表现及淡彩表现。

(3) 签字笔（一次性绘图笔）：宜书、宜画，方便、快捷。不足之处是遇水会化开。

用途：设计师常用于速写、勾勒草图。

(4) 彩色铅笔：彩色铅笔分为彩色铅笔与水溶性彩色铅笔两种。用笔方法同于一般铅笔，颜色较为透明，宜在较厚、较粗的纸上作画。国产笔蜡质较重，有排水性。进口笔中有一种水溶性笔，涂色后用水抹，即有水彩味。

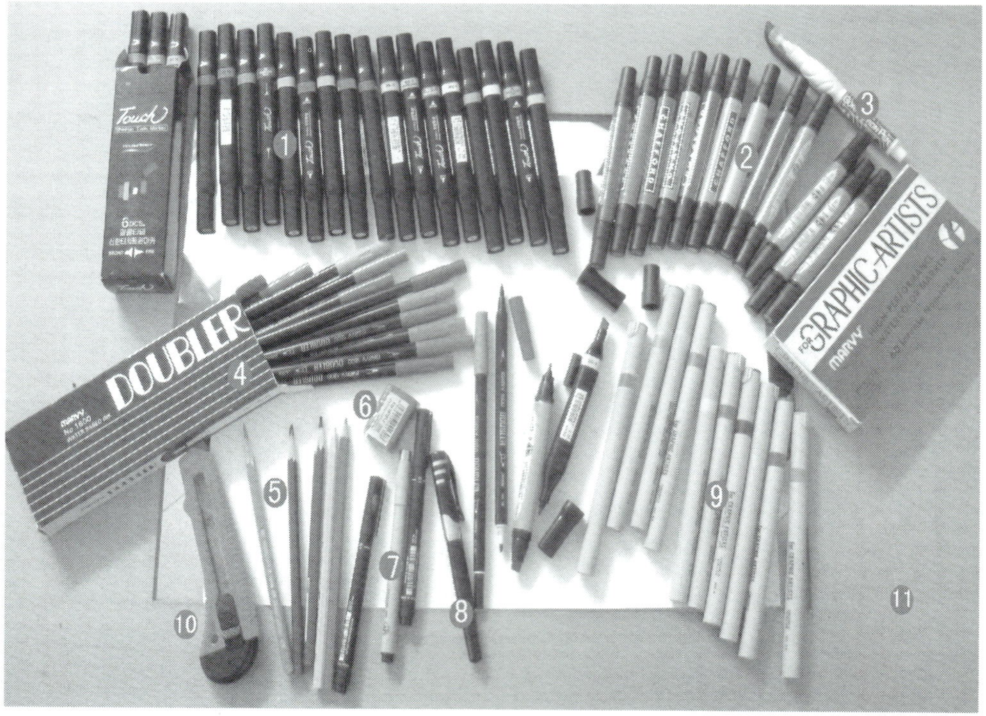

图 1-1　常用绘画工具

用途：彩色铅笔表现图以及淡彩表现图或修改图或画草图等。一般彩色铅笔常与钢笔或针管笔等配合使用，效果比较好。

（5）马克笔：分水性、油性两类。有Touch牌（双头）、Chafford牌（双头）以及Marvy牌（单头、双头）马克笔。其特点：色泽艳丽，易挥发；色彩系列丰富，油性多达百余种，水性有60种。

马克笔作画，不宜修改；色彩固定，不能随意调配，易形成一个"面孔"，缺少灰色系列。对于初学者，显得有一定的难度。

用途：不宜选用表面较为光滑（不吸水）的纸作画，但是太吸水也不好。一般马克笔常与钢笔或针管笔等配合使用，效果比较好。

（6）塑料水彩笔：国产较多，价格便宜，颜色种类有限，缺少灰色系列。作画时可将鲜色褪去，自配灰色系列重新加入，也能获得较为满意的效果。

用途：多为儿童使用，有时也作为设计师改图和做方案用，但少有作为表现图之用。

2. 软笔类

建议初学者学习徒手表现时，选用下列工具：白云笔（大、中号）、水彩笔与水粉笔，可以根据个人的特点来选用，没有必要强求一致。一次性绘图笔（0.1、0.2、0.5、0.8号）以及水性马克笔（宽笔头型、细笔头型均备用为好）。

（1）水彩笔、水粉笔、油画笔：这类笔形状近似。水彩笔以羊毫为主，柔软，蓄水量大；油画笔的毛多用猪鬃、狼毫制成，富于弹性，蓄水量较小；水粉画笔在水彩笔与油画笔两者之间，羊毛、狼毫掺半，柔中带刚。

用途：中国画笔"大白云"也常用作水彩渲染。

（2）排刷、底纹笔：笔宽、吸水量大。

用途：常用于打底和大面积上色，亦用来裱纸。

（3）描笔、衣纹笔、叶筋笔、红毛笔等中国画笔：以狼毫为主，富有弹性，相对水分保有量也多。

用途：用于勾线条和给细部上色。实际上这种笔用得较少。

三、颜料

除了与笔同体的颜料外，常用的颜料都需借助笔与调和剂作画。建议初学者学习徒手表现时，以水彩颜料为主，再配以白色水粉颜料（大吸管包装的）。

（1）水彩颜料：一般为铅锌管装，现也有塑料管装，便于携带，色彩艳丽，具有透明性，以水调和，其色度与纯度和水的加入量有关，水愈多，色愈浅。

用途：多用于水彩画、淡彩表现等具有渲染效果的表现图。

（2）照相透明水彩颜料：分干片、小瓶装（水色）以及色纸三种，色彩鲜艳，透明度极高，色性活跃，渗透性强，不易被覆盖。调色须谨慎。不宜作造型之用，仅宜作填色、背景渲染之用。

用途：相片着色（修补），钢笔淡彩表现图。

（3）水粉颜料：使用普遍，除管装外，还有瓶装（宜选浓缩型），颜料中大都含粉质，故厚画时具有覆盖性，薄画则显半透明，颜色深浅因干湿而有所变化。

用途：用于水粉画、水粉渲染表现图。

（4）丙烯颜料：有专用调和乳剂，调水也可，薄画时有水彩味，厚画时类似水粉，颜色干、湿变化不大，不易翻色，调色板上颜色干后成干枯状，不再溶于水。注意：在使用完后，应注意及时清理干净，以防损伤绘画工具。

用途：与水粉画相似。因难以管理，故不常用。

四、其他工具

除上述的纸、笔、颜料等必备工具以外，还需准备一些辅助性的工具，如：

（1）界尺：具有"搭桥"作画的作用。使用方法：像拿筷子一样，软笔除外，玻璃棒或铅笔、钢笔等可以靠尺使用——画线条，软笔（毛笔等）就不可以，但又需要用毛笔来画一根有色彩的线条时，用界尺就可以起到"搭桥"的作用，帮助完成需要画长而又直的有色彩的线条。

(2) 丁字尺、三角尺：尽管是徒手表现，有时也可以借助工具来完成。

(3) 工具刀、橡皮、涂改液：涂改液，可以作为提“高光”之用。

(4) 调色（板）盒：请一定备用。平时用完后，最好清洗干净，以备下次再用。

(5) 拷贝台。建议亲自动手制作一个简单的拷贝台。

拷贝台可以利用玻璃板充当，台面也无需太大，其规格600mm×500mm即可，四周的边角打磨一下，以免伤人。使用时，可利用方凳倒过来作为支架，在玻璃板底下放一盏灯即可使用。当然，也可以采用硫酸纸或是拷贝纸作为线稿复制用纸。

第二节　徒手透视图成图法

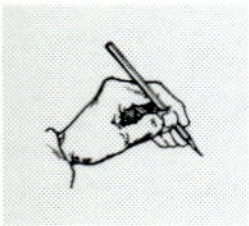

“透视”(fperspectivel) 是建筑与环境表现图创作的基础。为了适应紧张的工作节奏，便于进行空间构思和造型设计，在推敲设计方案时，常采用一种简易、快速、目测比例的徒手透视图成图法。这种成图法的原理，主要是根据表达对象的长、宽、高坐标尺寸，按照透视作图的基本原理迅速画出透视空间的主要轮廓（即透视框架），然后再运用“交叉”等分法、“等比”倍增法、八点画圆法等几何法则和必要的透视网格，逐步画入表达对象的细部直至最后成图。

学习此种成图法的前提，是学生已学习过“画法几何与阴影透视”这门课程，即建立在具有一定绘画透视图的知识和经验的基础之上。

一、常用透视图的种类和特点

建筑与环境表现图常用的透视图有一点透视、两点透视、鸟瞰图三种，其特点分述如下。

1. 一点透视的特点

一点透视的特点是建筑物主立面不变形，纵深感强，绘画相对容易。这种透视图特别适合于表现庄重、严肃的室内空间。其缺点是比较呆板，不太符合人的直观感觉。

2. 两点透视的特点

两点透视的特点是画面效果比较自由、活泼，反映的空间比较接近人的直观感觉。其缺点是绘画相对麻烦些。

3. 鸟瞰图的特点

鸟瞰图的特点是以一点透视或两点透视为基础，而将视点即视平线的位置提高，居高临下，因而显得视野开阔，可以看清整体的布局。由于鸟瞰图不是人们在日常生活中经常看到的视觉印象，故在绘画时有一定的难度。

二、建筑细部透视定位法

前面说过，绘画透视图通常是先按照透视法则画出表达对象的主要透视轮廓（即透视框架），然后运用“交叉”等分法等几何法则，必要时再在其上面画入透视网格，逐步画入细部直至最后成图。只有这样，才能保证透视空间各个界面上的建筑细部（例如门、窗、壁饰和家具的位置和大小等）绘画得相对准确。

为了更好地掌握这种徒手透视成图法，下面再重申几个关键点：

(1) 徒手透视的基础建立在良好的透视感上，因此落笔力求透视准确。

(2) 徒手透视在尺度上不需要十分精细，达到感觉上比例与造型的关系大致相符即可。

(3) 徒手透视主要通过透视框架和网格，采用目测比例迅速完成。

(4) 熟悉这种徒手透视成图法的几何原理，并能灵活运用。

(一) “交叉”等分法

1. 几何原理

如图1-2所示，画长方形的对角线AC、BD相交于点①，过交点①作竖直线可得等分点②、③；若再连接C③、D②，又可得交点④和等分点⑤；如此这般，便可将矩形ABCD等分为四个相等的矩形（图1–3），必要时可继续等分。此种利用交叉对角线将矩形1/2等分的方法称“交叉”等分法。

2. 徒手透视画法

图 1–2 “交叉”等分法

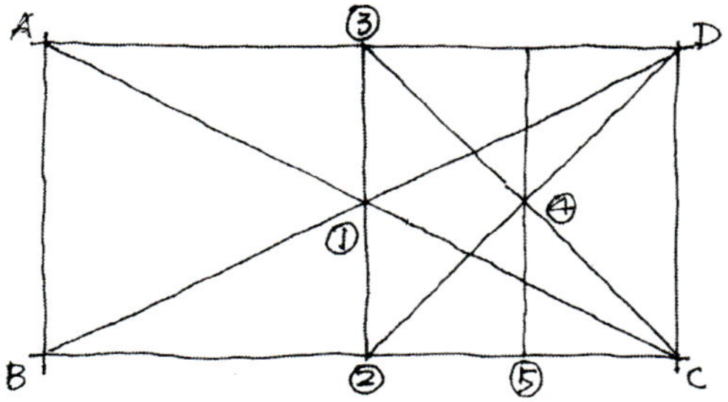

图 1–3 继续等分

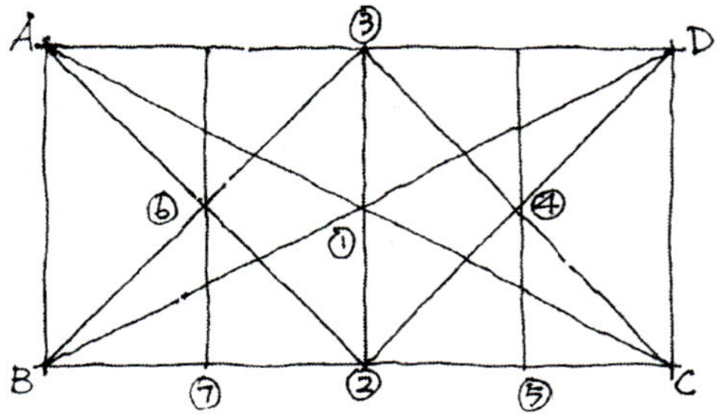

任意画一条竖直线AB，并在选定的视平线上任取一个灭点V，连接AV、BV（图1–4）。根据“进深”要求再任画一条竖直线DC，于是得矩形的透视ABCD。再按照图1–2、图1–3的步骤作图，便可得出四等分后的矩形的透视。

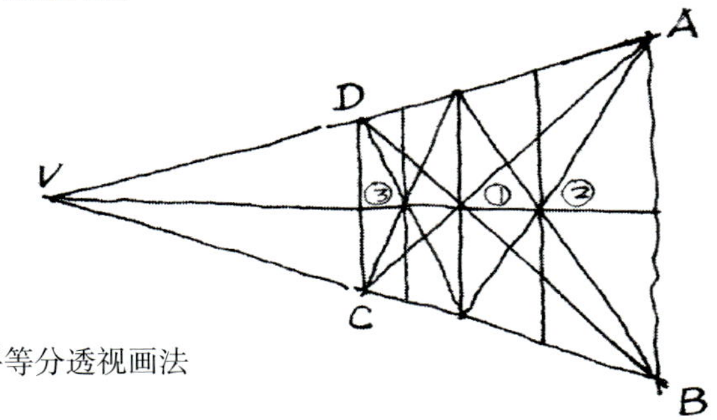

图 1–4 徒手等分透视画法

（二）“等比”倍增法

1. 几何原理

如图1–5所示，设矩形ABCD为已知，现要求连续倍增出几个相等的矩形。画对角线AC、BD相交于点①，过点①画水平线并延长与DC相交于点②。连接A②并延长之，与BC的延长线相交得点③；又过点③作竖直线分别与AD的延长线和过点①的水平线相交得点⑤、④；于是得倍增后的第一个连续的矩形。

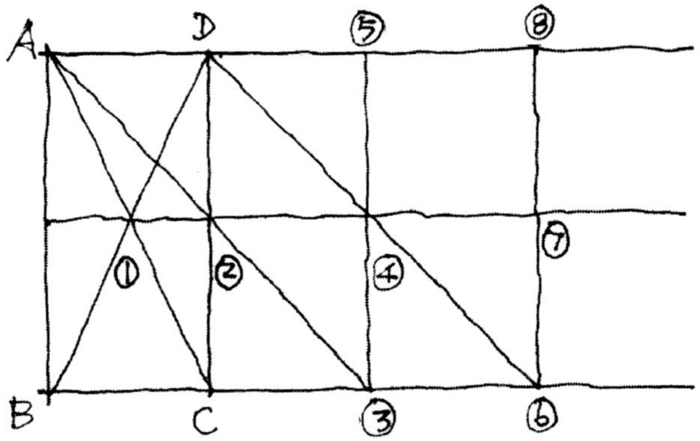

图 1–5 “等比”倍增法原理

若再连接D④并延长之，与BC的延长线相交于点⑥……如此这般，就可连续倍增出几个相等的矩形。

这种利用等比将矩形倍增的方法称为“等比”倍增法。

2. 徒手透视画法

如图1–6，画一条竖直线AB（可视为原始尺寸），再在直线AB外任取一个灭点V，连接VA、VB并延长之。根据“进深”要求设定另一条竖直线DC，于是得矩形ABCD的透视。分别画对角线AD、BC相交于点①。用直线连接V①并延长之，与竖直线DC相交得点②，再连接A②并延长之，与BD的延长线相交于点③；又过点③再作竖直线分别与AC的延长线和视平线相交，于是便得倍增后第一个矩形的透视。如此这般就可连续倍增出第二个、第三个相等矩形的透视。

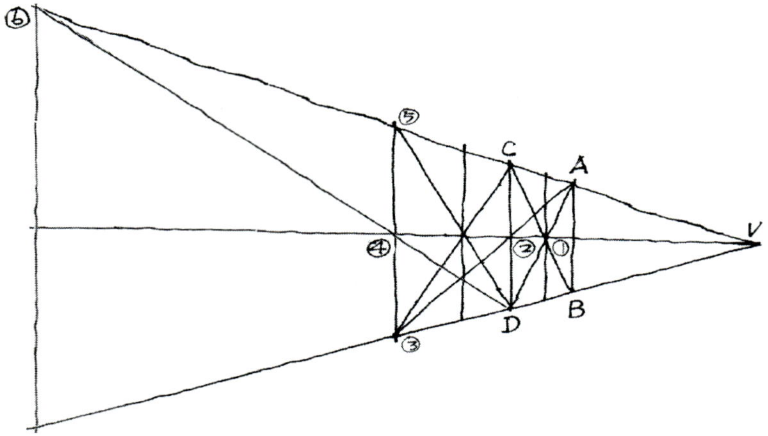

图 1-6　徒手透视“等比”倍增法

（三）八点画圆法——椭圆的画法

在透视图中圆的透视一般为椭圆。由于椭圆是非圆曲线，既不能使用圆规，也不能像矩形那样用直线通过灭点或交点控制作图。为此，在徒手透视图中，常采用“以方求圆”，即利用圆外切正方形上的四个切点和正方形对角线上四个特定位置的点的透视，共八个点来较为准确地画出所求的圆。这个利用正方形中八个特定的点的透视绘制椭圆的方法，通称八点画圆法，简称八点法。

1. 几何原理

如图1-7所示。圆外切正方形上的四个切点a、b、c、d是圆周上的点：另外在正方形对角线上的四个点e、f、g、h也是圆周上的点，它们大致位于半条对角线上距中心点O的2/3处。由于上述八个点正好将圆周八等分，故便于较为准确地徒手画出所求的椭圆。

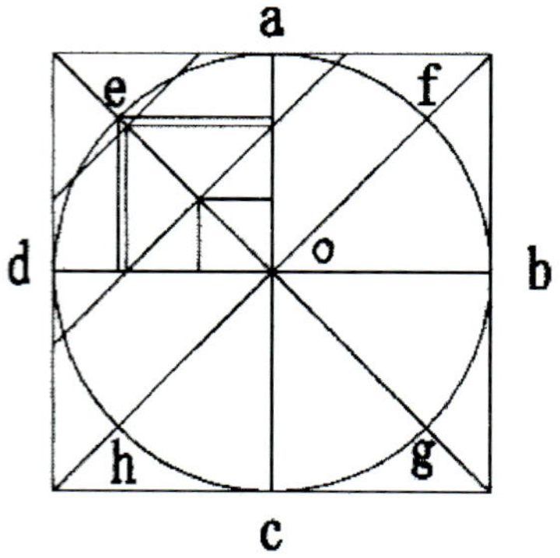

图 1-7　八点画圆法原理图

图1-8为用八点法徒手绘制正方形内切圆的情形。其中A、B、C、D为四个切点；E、F、G、H大致在半条对角线的2/3处或距中心点O的第二个三等分点上。定出上述八个点后，用短弧线依次将它们连接起来，即可得到所求的内切圆。

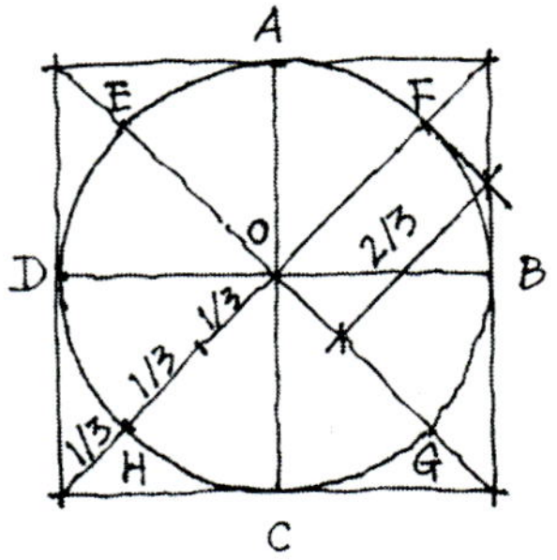

图 1-8　八点法徒手绘制圆

2. 徒手透视画法

图1-9a、b所示为用八点法徒手绘制正方形内切圆的透视的情形。

画图时，首先以圆的直径为边长画出一个正方形的透视，这个透视很重要。应根据实际“进深”的需要和透视角度而定。然后画入两条对角线和过其交点画入一对共轭径的透视。这对共轭径中的一条通向灭点，另一条则与两条平行边平行。这对共轭径与正方形透视各边的交点A、C、B、D就是切点的透视。

最后按目测比例分别在对角线上大约2/3处定出四个点E、H、F、G，连同共轭径上四个点一起共八个点，以徒手依次连接，即得圆的透视。

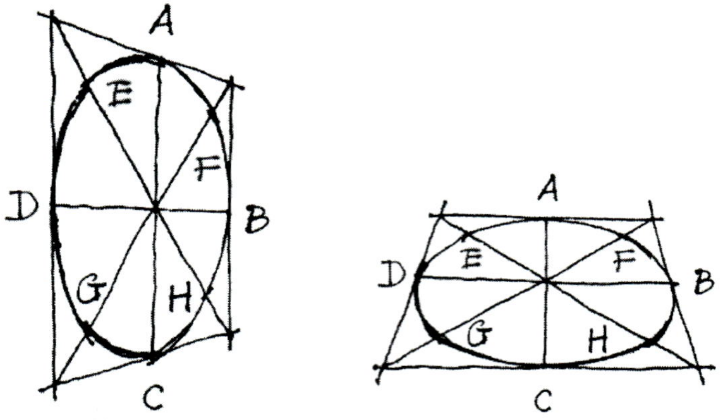

（a）竖向圆的透视　　（b）水平圆的透视

图 1-9　八点法徒手绘制的透视圆

图1-10a、b是水平圆几种不同透视角度的透视画法及其步骤的示例。

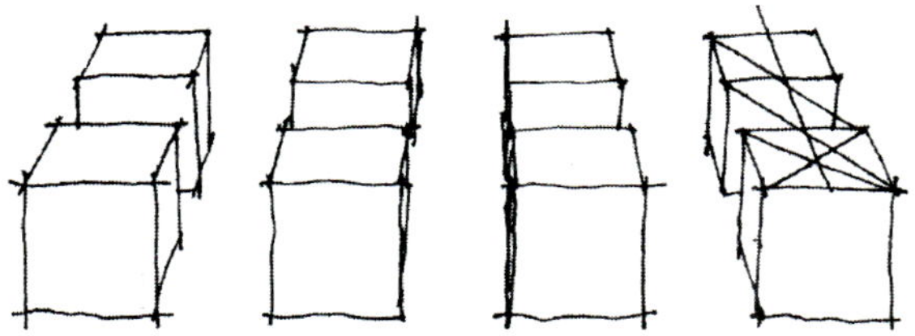

(a) 先求透视的立方体

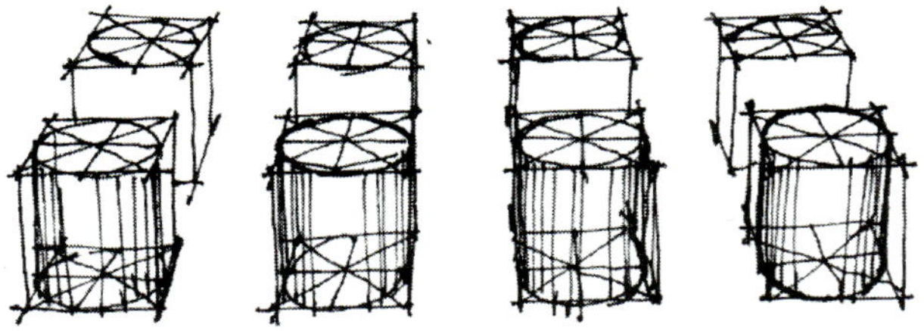

(b) 分别采用八点法徒手绘制透视圆

图 1-10 不同透视角度的透视圆示例

图1-11所示是几个连续的竖向圆的透视画法。

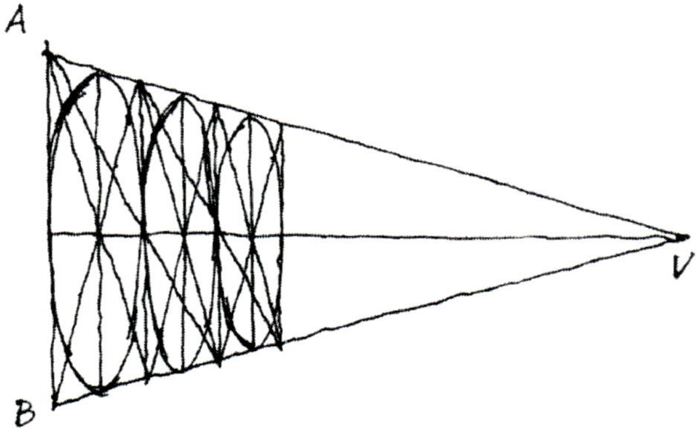

图 1-11 连续的竖向圆的透视画法

三、徒手透视图画法

众所周知，透视图是一种能够同时反映出表达对象长、宽、高三维空间的图形，怎样才能又快又好地徒手画出所需的透视图呢？关键是要解决好它的度量定位问题。

（一）一点透视

前面说过，一点透视的特点是建筑物主立面不变形，即是说绘图时可以先根据主立面的已知尺寸（宽度和高度）按目测比例直接画出它的外形线框（矩形），然后根据长度尺寸设法求出它的透视“进深”。

对室内一点透视来说，求透视“进深”的画法有两种。第一种是由外向里（图1-12）：即根据图纸幅面的大小，先画入一个符合主立面宽度和高度之比的矩形线框ABCD，选定视平线及在其上定出心点O（取视平线偏高、偏低，心点偏左、偏右，或居中，其透视效果均不相同）之后，由心点O分别用直线连接矩形的四个角，即可完成室内的4个透视界面；然后再设法求出4个透视界面的“进深”界限（也是一个矩形）。这种方法比较容易掌握，但画面效果显得有点“死板”。第二种是由里向外(图1-13)：先按较大的缩比画入主立面的宽度和高度，然后从4个角向外求“进深”。这种方法使画面效果显得“灵活”一些，但难以控制纸张的大小。对建筑外观的透视来说，其画法一般是由近及远的，即常采用第一种画法。

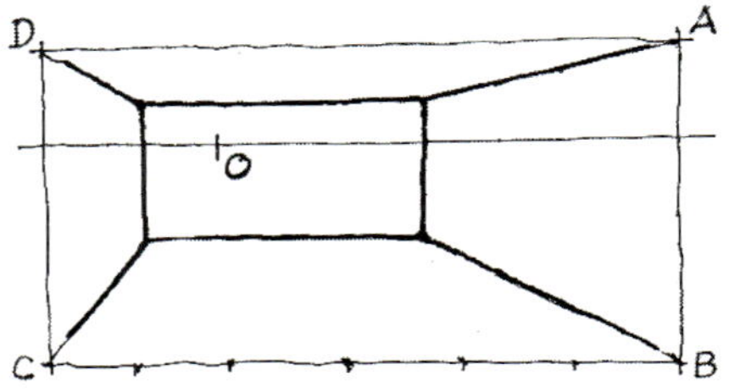

图 1-12 由外向里，求透视“进深”

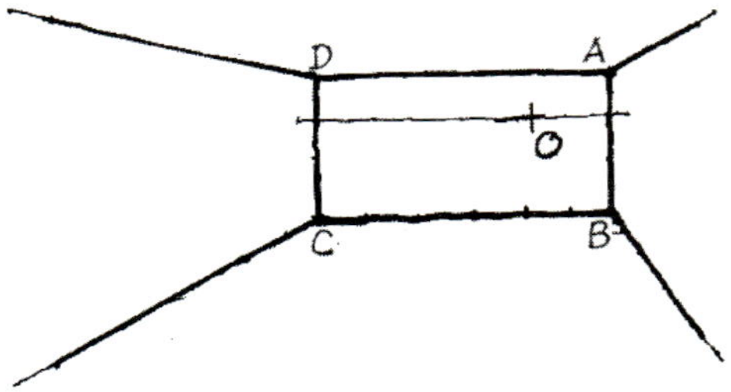

图 1-13 由里向外，求透视“进深”

1. 室内透视画法

设已知某室内宽BC=6m、高AB=3m、长BE=5m，求作它的一点透视。

第一种画法：由外向里。

（1）按图纸大小和目测宽度、高度之比即6∶3＝2∶1，先画出大小合适的矩形ABCD，再任设视高为1.7m画入视平线，并在视平线的适当位置上定出心点O，连接OA、OB、OC、OD。然后在心点O的某一侧按“视距=MO-BC”任定一个测点M；再在BC上点B的另一侧按相同的比例和按“长=5m”定出一点5。连接M5与OB相交于点E，于是便求得“进深”的界限EFGH，见图1-14。（测点M也可取在心点O的左侧，此时“长=5m”的点就应从点C起向右截取。）

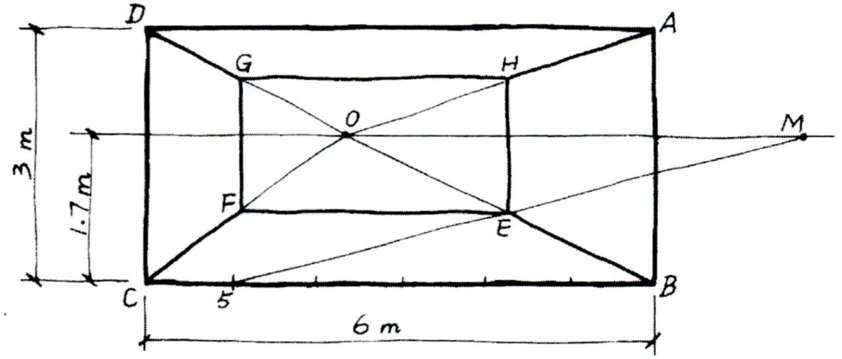

图 1-14　求内墙 EFGH 的界限

（2）为了能较准确地按室内平面布置图提供的资料在室内透视图的地面上画入家具与陈设，可如图1-15所示，过心点O作系列射线与直线5E相交，再分别过这些交点作水平线，就能得出在地面上的透视网格。然后利用这个透视网格逐步画入所布置的家具与陈设。

（3）为了能较准确地定出室内墙壁上的门窗、壁柜或陈设等的位置，还可应用上一节的知识对墙壁进行“交叉”等分或“等比”倍增，如图1-16、图1-17所示。如果需要在某一界面上画入圆的透视——椭圆，亦可应用上一节的知识，设法将正方形的透视定位后，再利用“八点法”画出椭圆。

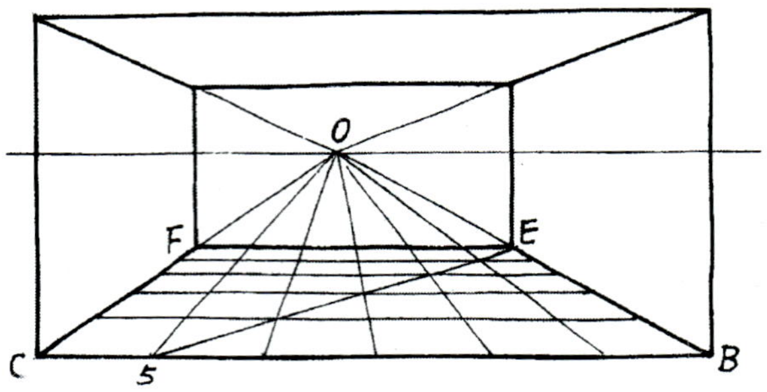

图 1-15　可得出地面的“进深”

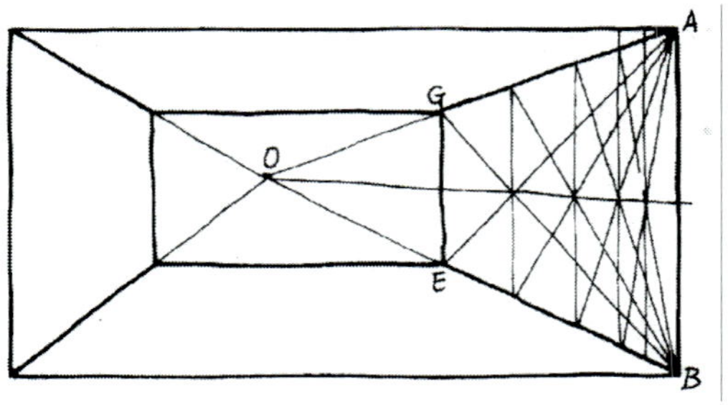

图 1-16　“交叉”等分，得出墙壁“进深”

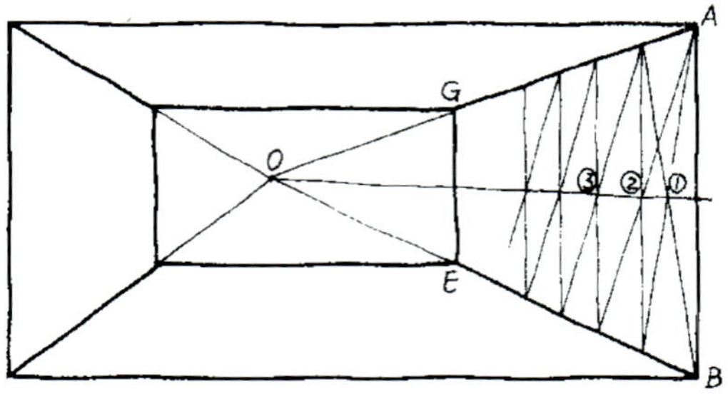

图 1-17　“等比”倍增，得出墙壁“进深”

第二种画法：由里向外。

用目测比例先画出较小的矩形ABCD，同样按上述的方法定出心点O和完成室内的4个界面。此时再进一步预想出“长=5m”的“进深”位置大概在哪里和透视图的宽度大概是多少，并大致上按预想的宽度在心点O的某一侧定出测点M和在BC延长线的同一侧上按相同的目测比例定出表示“长=5m”的点5。然后连接M5并延长之，使与OC的延长线相交于点F。于是求得“进深”为5m的界限EFGH和进一步画出地面上的透视网格（图1–18）。

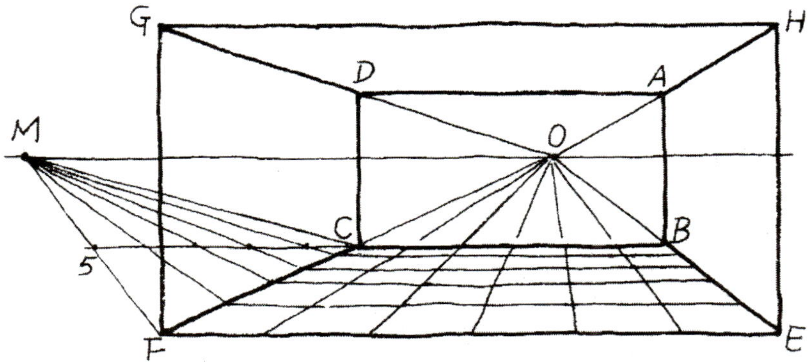

图 1–18 由里向外，求得“进深”

2. 建筑外观透视画法

（1）如图1–19所示，画建筑外观透视一般由近及远。先画基线CD，再根据视高确定视平线E及心点O的位置。心点位置偏左、偏右主要取决于表现的主题而定。

（2）在基线上的线段和由基线上的点画出的竖直线（如BA），可作为“真高”按比例直接画出，于是根据建筑物的宽度和高度便可画出图中一左一右的两个矩形外墙面。

（3）通过心点O画入建筑物各处可见的透视轮廓，再凭目测确定建筑物的透视深度（这需要看建筑物的体量而定）。若要求严谨，最好先定出测点然后根据进深尺寸作图。

（4）最后通过“交叉”等分法或“等比”倍增法刻画建筑细部。

当具有相当的绘图经验之后，也可像图1–20那样迅速完成想象中的建筑群体外观造型设计草图。

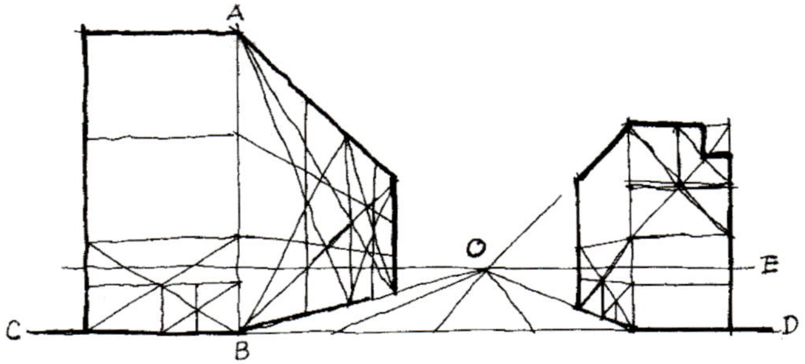

图 1–19 由近及远，求得建筑外观透视

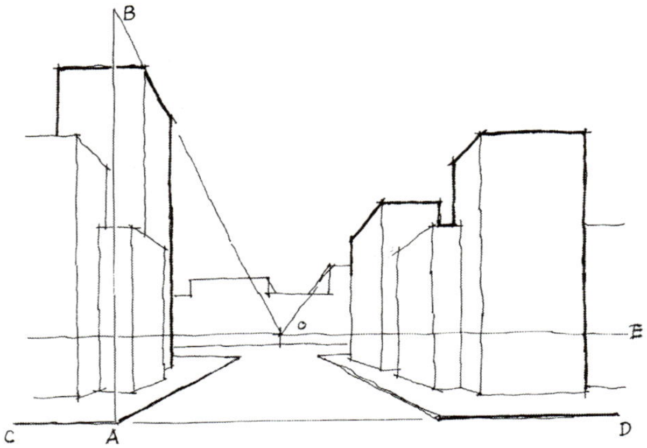

图 1–20 徒手表现建筑群体外观造型

（二）两点透视

两点透视是建筑物两相邻主立面对画面都倾斜成互为余角的两个角度时所形成的透视。因此，在透视图中有两个主灭点和两个测点。当两个角度都为45° 时，称为45° 透视；当两个角度中一个为30° 而另一个为60° 时，则称为30°-60° 透视。此时若将视距给定为某个一定的参数，于是它们的灭点、测点和心点之间的相对位置通过计算可以得出，即在画图时可以事先给定，这就为绘画透视图带来许多方便。

1. 室内透视画法

1）45° 透视

仍以前述的某建筑室内，已知宽BC=6m、高AB=3m、长BE=5m，求作它的透视图为例（图1-21）。

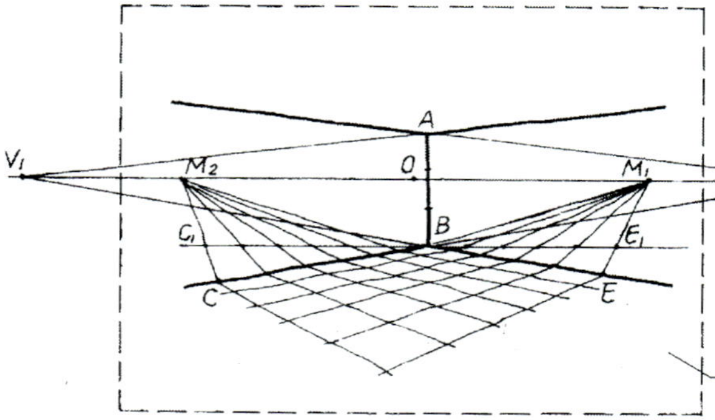

图 1-21　45° 室内透视画法

（1）取一张幅面大小合适的图纸，在其适当的地方画入视平线。先在视平线的两端分别定出灭点V_1、V_2，然后按如下的规律定出心点O和测点M_1、M_2的位置：

①取线段V_1V_2的中点即得心点O。

②分别将OV_1、OV_2五等分，在心点O的右边第3个等分点上定出点M_1、M_2即为配合灭点V_1解决长度方向、度量问题用的测点；同理，在心点O的左边第3个等分点上则可定出配合灭点V_2解决宽度方向度量问题用的测点M_2。

③至于灭点V_1、V_2的具体位置，应视实际情况而定，一般定在图纸幅面之外。

（2）再任设视高（设视高=1.7m），选择合适的比例画入基线。过心点O或偏离心点O少许画真高线AB（AB=3m），并以垂足B为基准，按同一比例根据BC=6m、BE=5m，在基线上一左一右分别定出C_1、E_1两点。确定点C_1、E_1的位置时，务必使BC_1、BE_1之长略小于OM_1，否则，应重新选择画图的比例。再将BC_1、BE_1以1m为单位标出它们的等分点。

（3）最后分别利用灭点V_1、V_2，测点M_2、M_1以及所求出的各个点，通过作图便可完成室内45° 透视的透视框架和网格。

2）30°-60° 透视

设已知条件和要求仍按前例。

（1）首先画视平线如图1-22所示（该视平线上的灭点V_1定在图纸幅面的左边，也可将整个系统反过来定在右边）。在视平线的两端分别定出灭点V_1、V_2，再按规律“相继取其中点”——即取V_1V_2的中点得测点M_2，再取M_2V_2的中点得心点O，再取OV_2的中点得测点M_1。选取这些点时，视实际需要，一般令M_2、V_2刚好落在图纸幅面内。

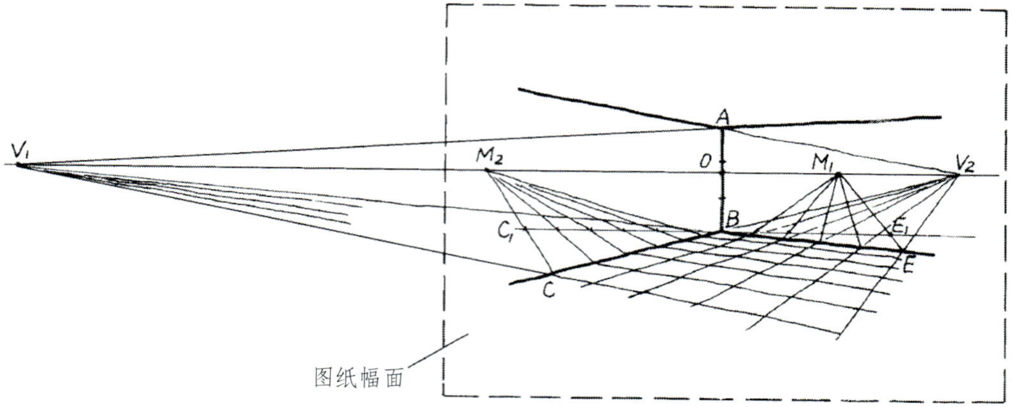

图 1-22　30°-60° 室内透视画法

（2）再选择合适的比例画入基线和真高线AB（AB=3m）。在基线上按同一比例确定点C_1、E_1的位置时，务必使BC_1、BE_1之长略小于OM_2（或OV_2），否则要重新选择比例。

（3）最后通过所求得的点作图，便可完成30°-60°透视的框架和网格。

3）"简略"两点透视

上述两种画法都是很严谨的两点透视画法，但表现的仅是室内的一角。在这里根据实际工作的需要，再补充一种既具有一点透视"纵深感强"的特点，又能避免画面呆板的画法。这种画法类似于一些同类书籍中所说的"简略两点透视"，所以在这里仍取其名。但实质上两者并不相同。本画法仍建立在30°-60°透视的基础之上，其优点显而易见；其缺点是视觉上有一定的不稳定感。

仍以上两例的已知条件为例。

（1）画视平线如图1-23所示。在视平线上分别定出两个灭点V_1、V_2（灭点V_2的右方应留有余地），再按规律"相继取其中点"得点M_2、O、M_1。

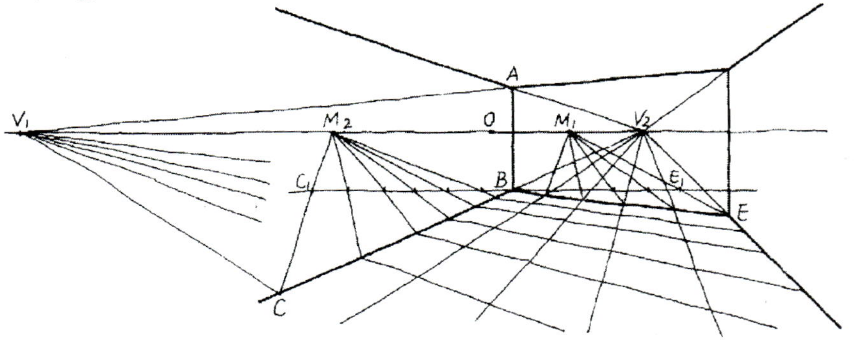

图1-23 "简略"两点透视的辅助线定位

（2）选择合适的比例画入基线和真高线AB（其位置可通过心点O，也可适当偏左、偏右），在基线上按同一比例确定点C_1、E_1的位置时，务必使BC_1、BE_1略大于OM_2（或OV_2），否则要重新选择比例。

（3）通过所求得的点作图，便可得出纵深感、透视感特强的室内两点透视。

（4）若按照上一节所述的"交叉"等分法或"等比"倍增法划分墙面，便可根据所求出的透视网格进行室内家具、陈设、装修等物品的透视刻画（图1-24）。

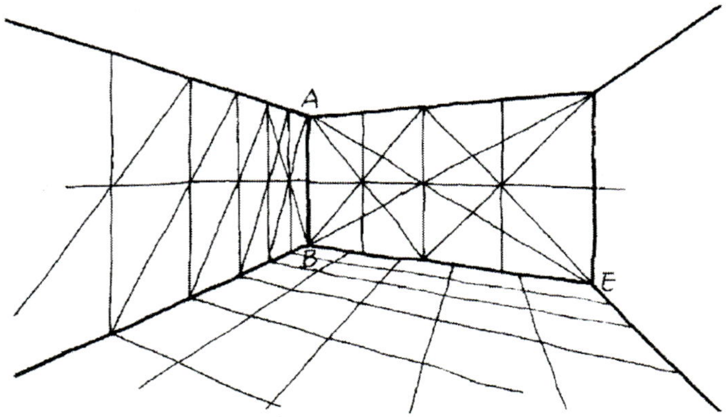

图1-24 "交叉"或"等比"划分墙面、地面

2. 建筑外观透视画法

两点透视也常用于表现单体建筑或建筑群体的环境氛围。如果作图要求相对严谨，仍可按照上述45°透视、30°-60°透视所展示的视平线上的灭点、测点和心点的相对位置，根据建筑物长、宽、高的尺度按透视规律完成作图。如果是根据徒手绘画设计方案图不要求度量十分准确的特点，也不妨像图1-25那样，仅在视平线上定出V_1、V_2两个灭点，然后凭目测和经验作图。在该图中，AB为建筑物的真高线，参照30°-60°透视的模式，它大约位于V_1V_2线段右边第1个1/4等分点处。目测设定BC为建筑物主立面宽度的线段，BD为建筑物侧立面深度的线段，于是就可确定该主体建筑的体量。因此，徒手绘图时，线段BC、BD长度的确定应该十分谨慎。然后以此为基础画入其余副体建筑。

最后再通过"交叉"等分法或"等比"倍增法逐一进行建筑细部的刻画，图1-26为另一个建筑外观透视略图的示例。

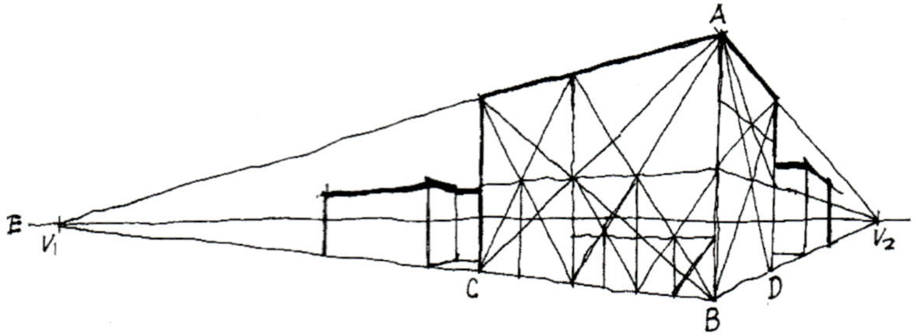

图 1-25　“简略”两点透视也适用于建筑外观透视画法

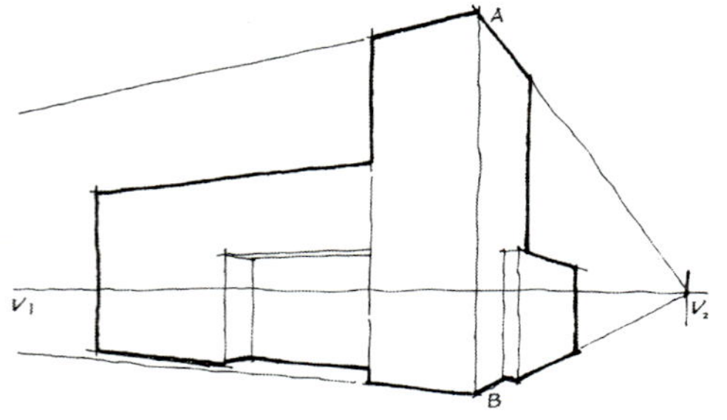

图 1-26　建筑外观透视略图示例

（三）鸟瞰图

鸟瞰图的徒手画法与上述徒手画透视方法基本一样。掌握了一点透视、两点透视的基本画法以后，再画鸟瞰图就没有难度了，不同之处只是在于表现的形式不一样，请参看图1-27。

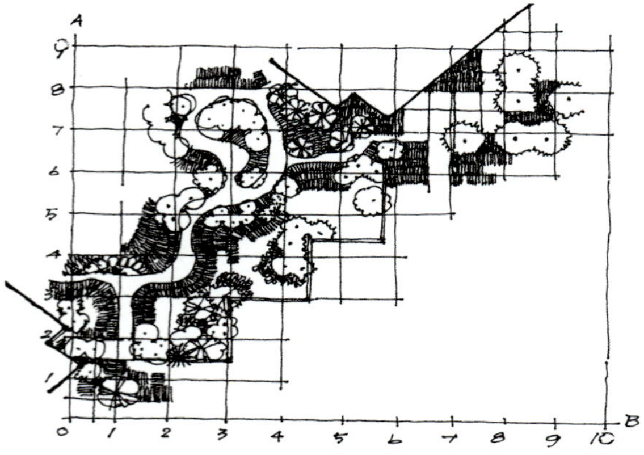

图 1-27　在平面方案上画出正方形的网格

（1）在平面图（图1-27）上画出正方形的网格，如同“九宫格”一样。

（2）利用两点透视或一点透视画出透视的网格；再通过平面网格与透视网格对照画出要表现的造型物（图1-28）。

（3）根据设计需要逐步添加细部。注意：要把握从大局着眼、局部入手的关系，即先要把骨架搭好，才能往下添加造型物。

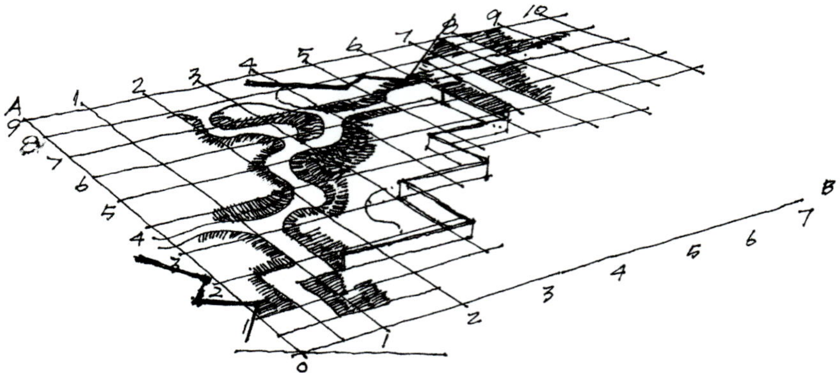

图 1-28　画出两点透视或一点透视的网格

四、透视图中配景尺度的比例控制

表现图中常见错误之一是配景和配景中人物的高低、绿化尺度的比例失调。一幅表现图常常由于最后配景出现错误而致使整个作品失败。常见的错误如图1-29所示（正确的配景见图1-32）。

按正规绘制透视图的方法来决定配景的尺度是可以的，但比较繁琐，不够简便灵活。而用比例控制法作图，则更简便、准确。比例控制的必要条件有：

（1）视平线的位置，在画面上应明确存在。

（2）视平线相对于地平面的高度值即视高应清晰明确。通常地平面上任一点到视平线的距离都等于视高。

在不同视高情况下，人物配景的情况如下：

（1）视高为1m时，如图1-30。

（2）视高为1.7m时，如图1-31。

（3）条件比较复杂时，如图1-32。

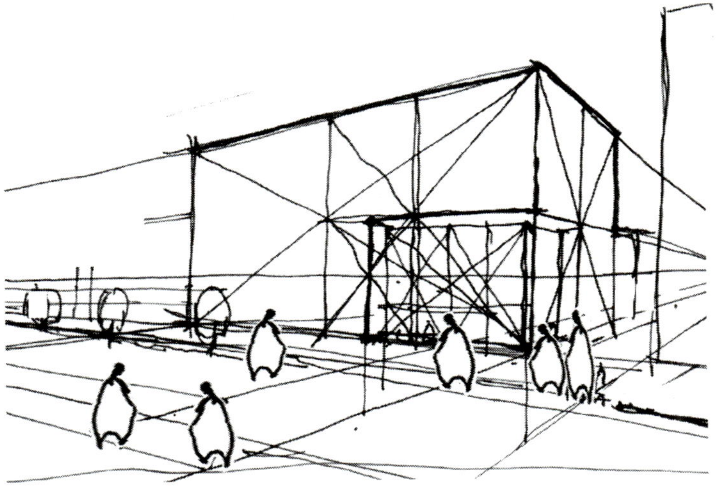

图 1-29　人物、绿化尺度的比例失调

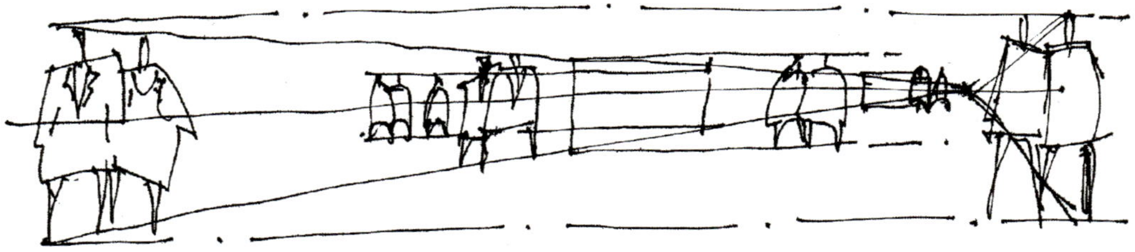

图 1-30　视高为 1m 时，人物配景透视的情景

图 1-31　视高为 1.7m 时，人物配景透视的情景

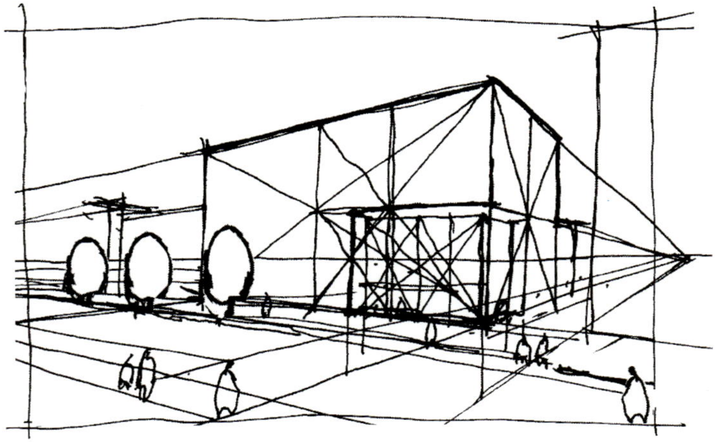

图 1-32　环境复杂时，景物配景透视的情景

第三节　绘画基础训练方法

工程设计类效果图的绘画基础，重点在于素描基础。对于色彩基础，只要求掌握色彩的基本知识与画面的色调关系即可，无需采用写实色彩表现。因此，绘画基础训练应重点强调线条造型练习和速写。绘画基础训练方法应先从静物写生开始，然后过渡到室外的风景写生。

第一阶段：静物写生。

要求：透视准确，线条流畅。用笔强调“一笔到位”。一笔到位的含义是，一笔画线条，基本能够表现物体的某一个形体以及透视的准确关系。如：图1–33的立方体的形体与透视表现，图1–34的圆柱体的形体与透视表现。这一功夫非一日而就，需要大量的艺术实践才能达到。

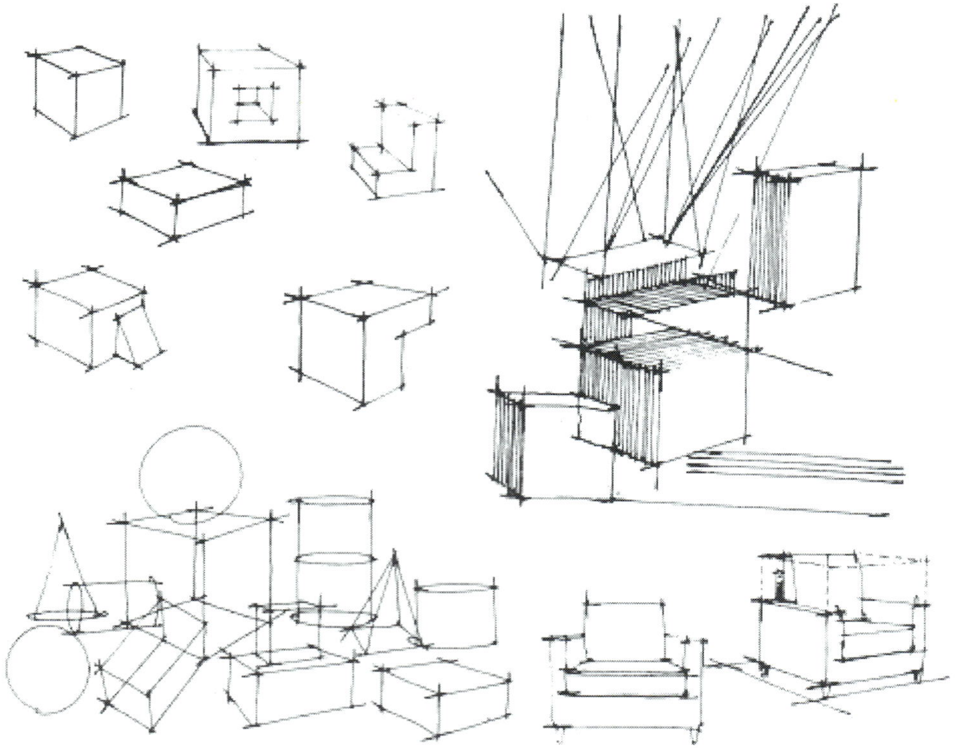

图 1–33　立方体静物写生

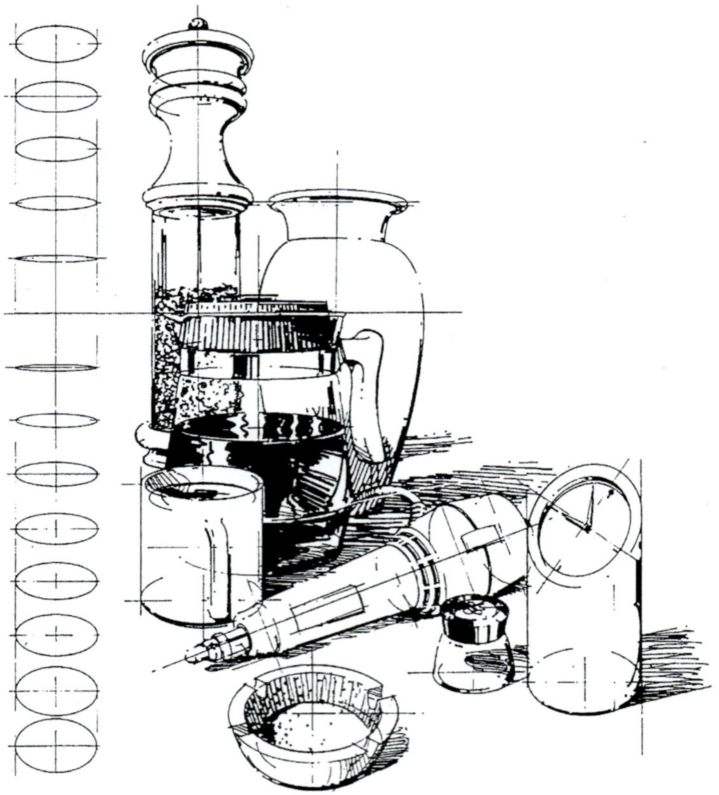

图 1–34　圆柱体静物写生

第二阶段，写生练习。

要求：主要解决正确观察物体的问题，对表现的对象采取艺术上的取舍，并迅速而又准确地画出造型。如图1–35中城市建筑写生，将对象的表现形式进行艺术升华。写生更多的是展现作画者的艺术感受，而并非是复制现场。这一点要做得很好，需要用头脑去思考与总结，才能实现。

图 1–35 城市建筑写生

第三阶段，色彩练习。

要求：先用钢笔准确地表现环境中的主题，省略与主题无关的内容或物体。图1-36为先用钢笔表现主题，然后是小溪，完成构图。图1-37使用马克笔重点表现水面的质感，水岸的造型以及水岸边的绿化。绿化除了强调远与近的不同感觉，还要特别强调垂柳的造型。当然，每一幅画的主题不同，处理的方法也不同。因此，要学会掌控表现的目的。

图 1-36　风景，钢笔速写

图 1-37　风景，马克笔上色

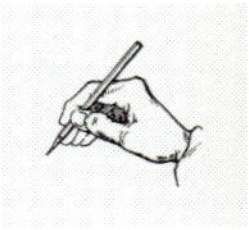

第四阶段：线条临摹练习。

临摹练习的目的：攻克线条造型关。临摹练习的对象，可以根据所学专业的特点进行有选择性的练习。要求：①临摹练习不是“复印”，也不是“照着葫芦画瓢”，因此，要求在临摹练习中理解其要领。②大量练习的目的就是要学会控制线条造型的方向，如果你能控制线条造型，就不必大量练习了。因此，可以精选一些作品临摹练习，如建筑作品（图1-38、图1-39）、室内作品等。

图 1-38 建筑作品

图 1-39 建筑作品

第二章　技法基础

●教学目的

马克笔的技法基础从技法分解练习开始，其目的：一方面借助于参照图进行反复的练习；另一方面也为了节省时间，尤其是在课堂教学时间有限的情况下，分解技法的练习显得十分必要。同时，也有利于下一阶段的练习，从而更有效地、快速地掌握马克笔表现技法。

●教学内容

马克笔表现技法以室内表现图为主要内容，建筑环境配景元素为选修内容，进行“基本用笔技法”与基本构成元素教学。如环境配景元素有人物、树木、车辆，室内造景元素有沙发、茶几、电视、窗帘和卧室的床，以及室内装饰品等。

●学习要点

(1) 勾线（线描）图是“骨架”，色彩是“外衣”。

骨架：要求透视正确，线条流畅，构图完整。突破线（条）造型与构图关。因此，强调素（线）描基本功。要求在做练习时，注意线条练习，构图研究，造型比较。

外衣：是附在骨架上的色彩。要求色调和谐，注重色彩之间的搭配、对比与统一。色彩本身并无贵贱，但搭配得当，就会显得高贵、淡雅或浓烈。因此，要学会认识色彩的性格和特点。要求在做练习时，注意留心记住色彩与色彩搭配时的效果，以备下次再用。

(2) “画味”与“响亮”。

画味：是指一幅画的艺术性。习者要多注意绘画时的“用笔”技巧。如线描，一笔到“位”的准确性。色彩，一笔就“位”的趣味性。二者构成“画味”。

响亮：是指一幅画的吸引力。习者要注意画面趣味中心的“经营”。通过画面的造型与构图，色彩的对比与统一等手段，达到“经营”的目的。

第一节　马克笔基本用笔技法

一、平面造型用笔技法

波折型渐变技法

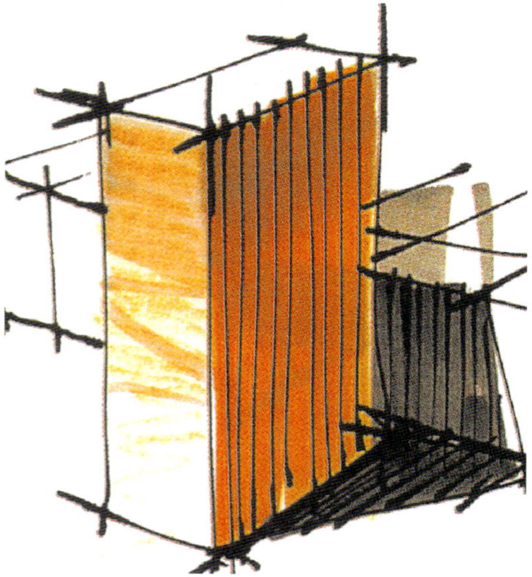

复合型渐变技法

二、立体造型基本用笔技法

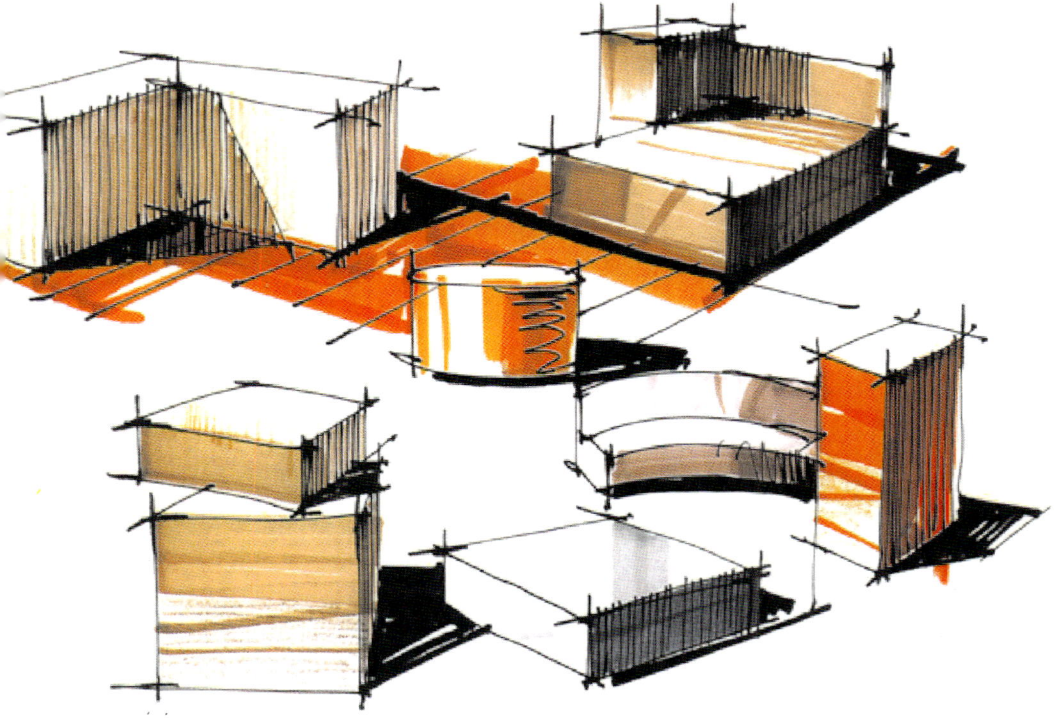

学习要点：马克笔的基本技巧在于笔触线条的排列，均匀，快速，放松，灵活，力度一致。忌讳：重叠，过慢，线条凌乱。如遇到大块面的着色时，建议采用随意、自然、轻松之感的波折型渐变技法。也可以采用厚重型渐变笔触技法，如复合型渐变技法中的暗部表现。厚重型渐变笔触技法是先平涂，然后再作覆盖的渐变笔触技法。

对准备工具的一点看法：

马克笔的品牌有多种。如Touch牌马克笔有100多种定型色，Chafford牌马克笔也有100多种定型色，Marvy牌马克笔分单头和双头两种，有60种定型色。

由于经济原因，不可能全都买。再说，在快题考试时，带着一大堆各式各样的马克笔也不方便。建议按需购买，或按习惯购买，或按常用购买。以下提供的仅是室内设计表现常用定型色的编号，以供参考（红色表示必买）。

Touch牌（简称“T”牌）

灰色系列：WG-1，WG-2，WG-3，WG-5，WG-7，WG-9。
BG-1，BG-3，BG-5，BG-7。
CG-1，CG-3，CG-5，CG-7。

冷色系列：PB-75，PB-77，P-84；G-46，G-59，GY-47，
GY-48，GY-49。

暖色系列：Y-29，Y-32，Y-36，Y-100，Y-104，YR-21，
YR-23，YR-24，YR-97，YR-99，YR-101，
YR-102，R-1，R-7，R-14，R-28，R-91，
R-94，R-98。
RP-9，RP-89。

Marvy牌（单头）（简称“M”牌）
No.1，4，11，15，18，23，24，27，40，44，45，
47，51，52，54，60。

Marvy牌(双头，Doubler)（简称“D－M”牌）No.1，11，
15，18，23。

水溶性彩铅：（faber-castell牌）407，409，430，447，
451，453，454，463，466，470，473，483。

说明：Doubler Marvy与Marvy同属一个品牌的两种款式，
其色一样。

建议：不论你购买了多少支马克笔，最好做一个适合自己用的色卡。

第二节 元素造型技法分解

一、人物造型类

(1) 单一人物着色步骤

(2) 人物组合着色步骤

(3) 人物组合着色练习

近景中景人物组合练习

远景人物组合练习

近、中、远景人物组合练习

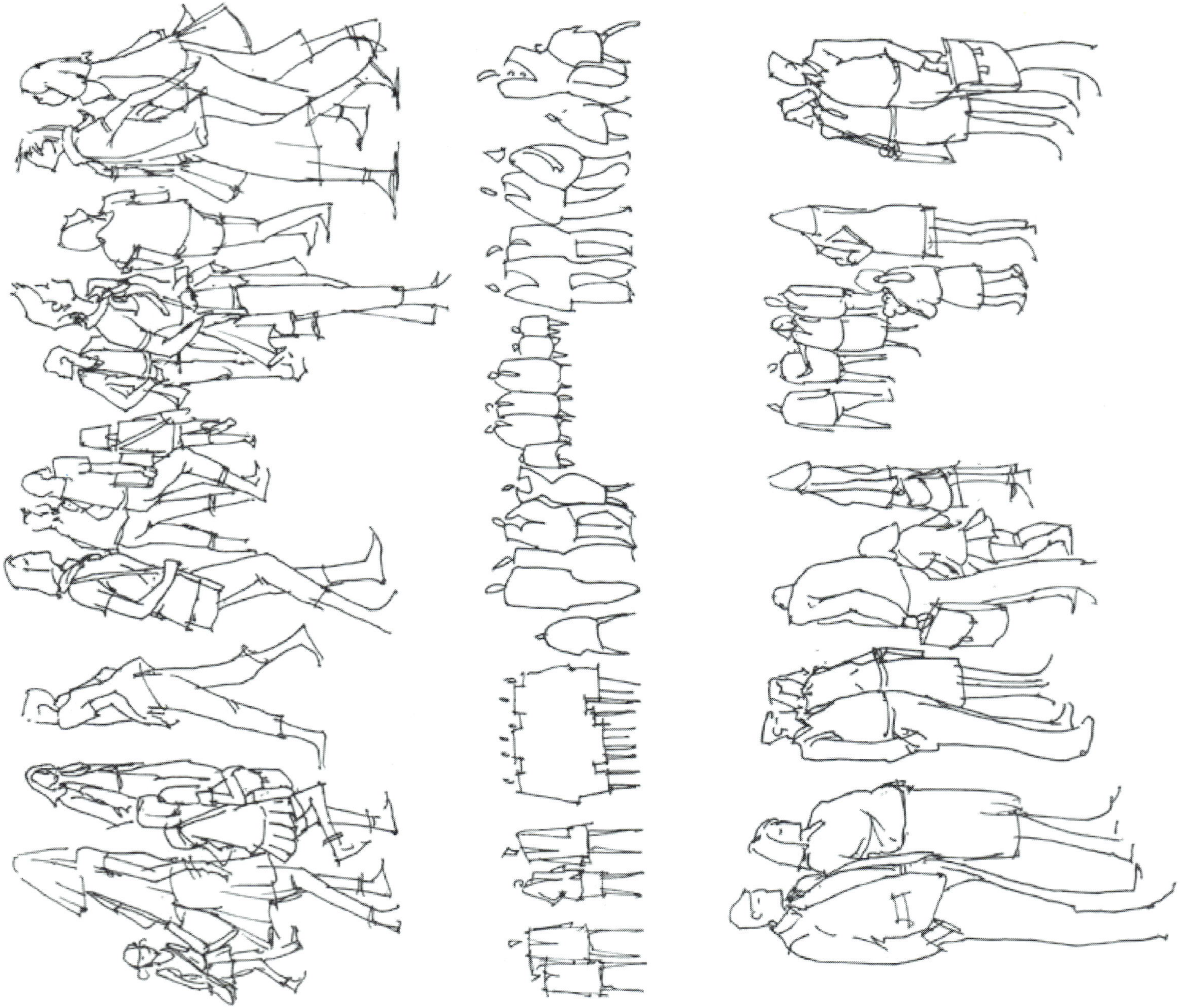

班级______

姓名______

日期______

二、树木造型类

（1）树的表现步骤

阔叶木

针叶木

热带植物

(2) 组合树木造型

准备工具：

"T"牌马克笔：G-46，G-55，G-59，GY-48，Y-100，YR-102，YR-97，R-91，BG-57，BG-53，PB-77。"D-M"牌马克笔：No.1。

学习要点：

保持色彩清洁，就是注意色彩的明度变化，慎用对比色。

班级________

姓名________

日期________

(3) 热带树木造型

准备工具：

"T"牌马克笔：BG-68，BG-58，BG-57，CG-9，G-59，GY-47，G-46，G-55。"D-M"牌马克笔：No.1。

学习要点：

一个物体的色彩表现，要反映出三个层次的明度关系。

班级

姓名

日期

三、车辆造型类

(1) 车辆的表现步骤

准备工具：

“T”牌马克笔：YR-23，WG-1，WG-5，WG-7，Y-32，B-66。“D-M”牌马克笔：No.1。

学习要点：

注意留白与最暗处的表现。

(2) 车辆造型马克笔技法分解练习

准备工具：

"T"牌马克笔：YR-97，YR-23，PB-75，B-66，Y-104，R-14，R-94，WG-1，WG-3，WG-5。"D-M"牌马克笔：No.1。

学习要点：

车辆表现注意车辆色彩的"清洁性"。"清洁性"是指色彩不要乱，尽量以一支笔为主来完成。

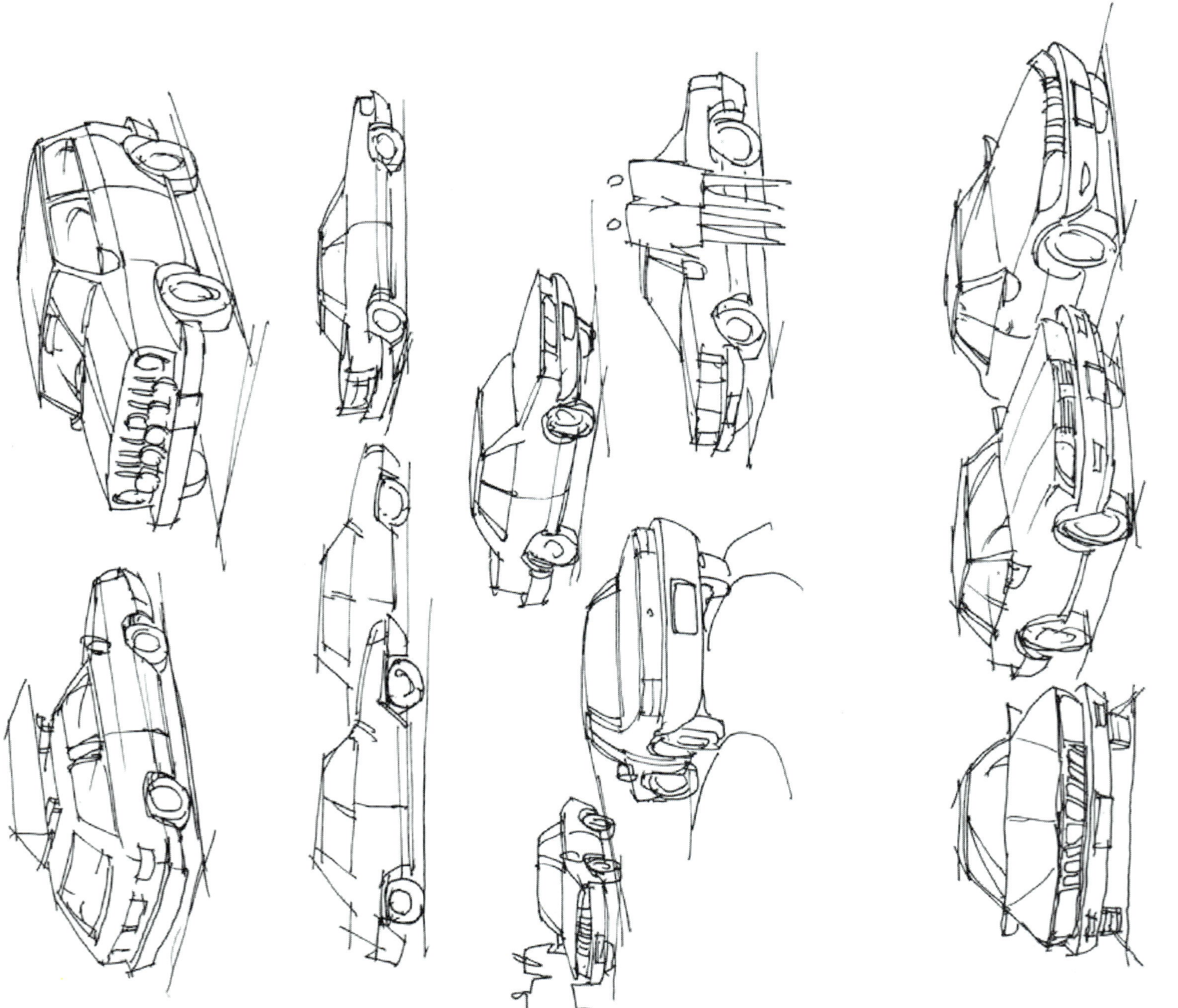

班级____________

姓名____________

日期____________

第三节　室内陈设造型技法分解

（1）办公椅

准备工具：

“T”牌马克笔：WG-1，WG-3，WG-5，PB-77。“M”牌马克笔：No.10，22，32，43，44，45，57，60。“D-M”牌马克笔：No.1。彩铅：蓝紫色。

学习要点：

复合型渐变技法：先用彩铅打底，然后使用马克笔作一次性渐变技法。所得到的是合成后的色彩效果。

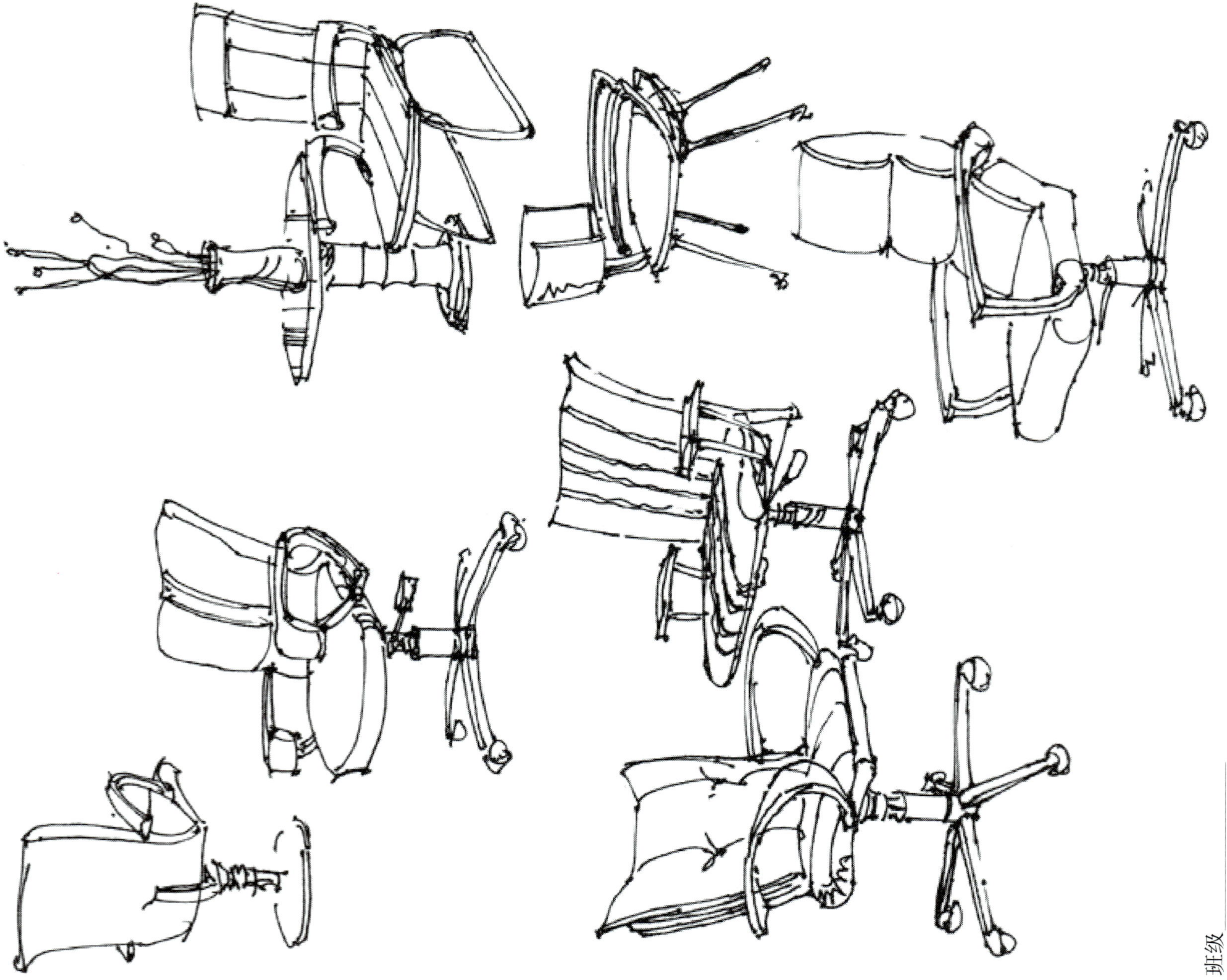

班级________

姓名________

日期________

(2) 沙发与吧台椅

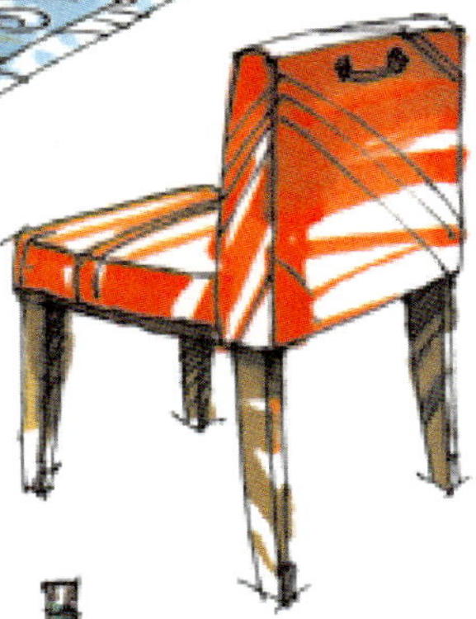

准备工具：

"T"牌马克笔：YR-23，YR-97，YR-24，YR-101，WG-7，CG-5，R-14，R-98，YR-102，R-104，GB-68。"M"牌马克笔：No.45，54。"D-M"牌马克笔：No.1。

学习要点：

笔触的塑造应该是灵活多变，针对不同的对象，采用不同的手法。

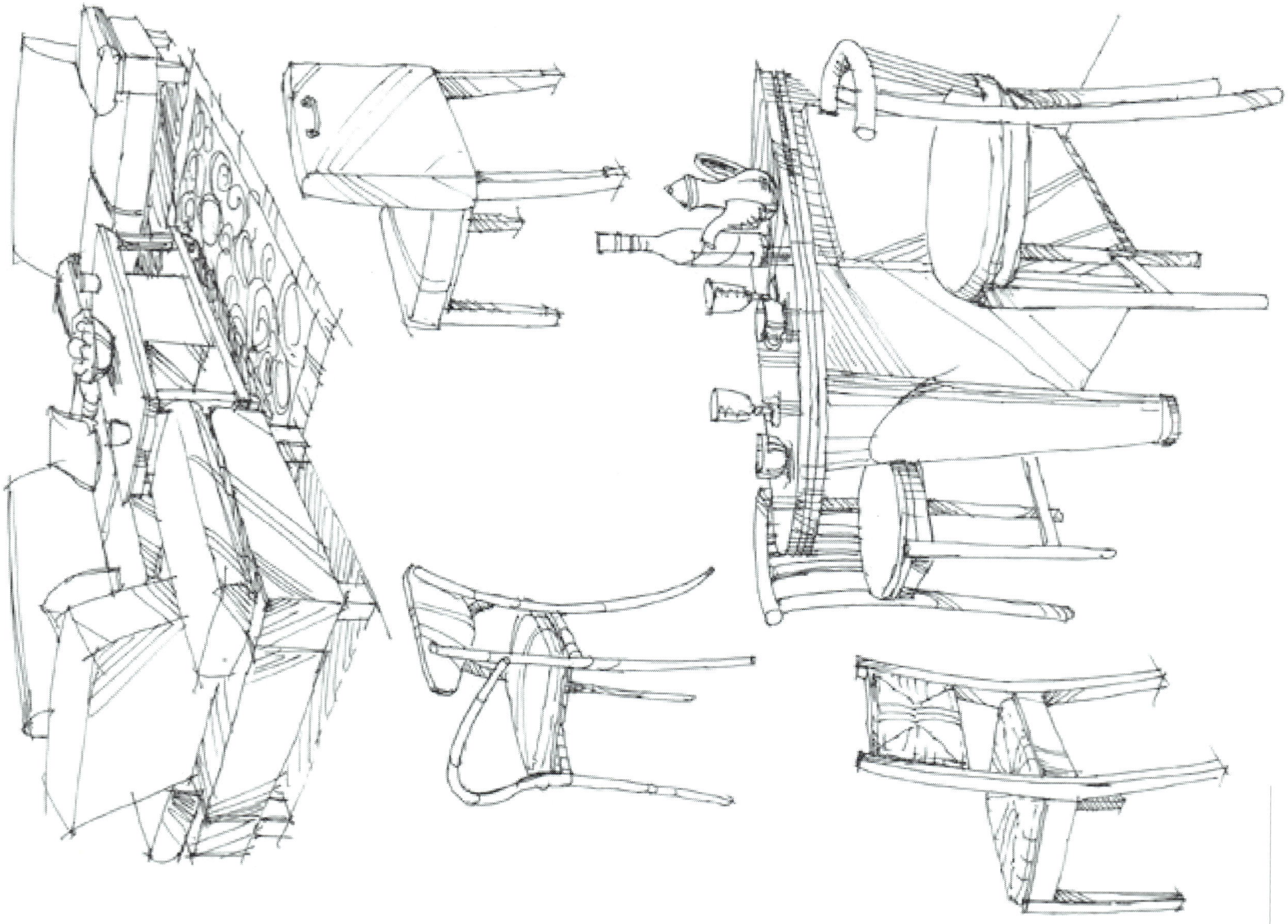

班级

姓名

日期

(3) 餐椅

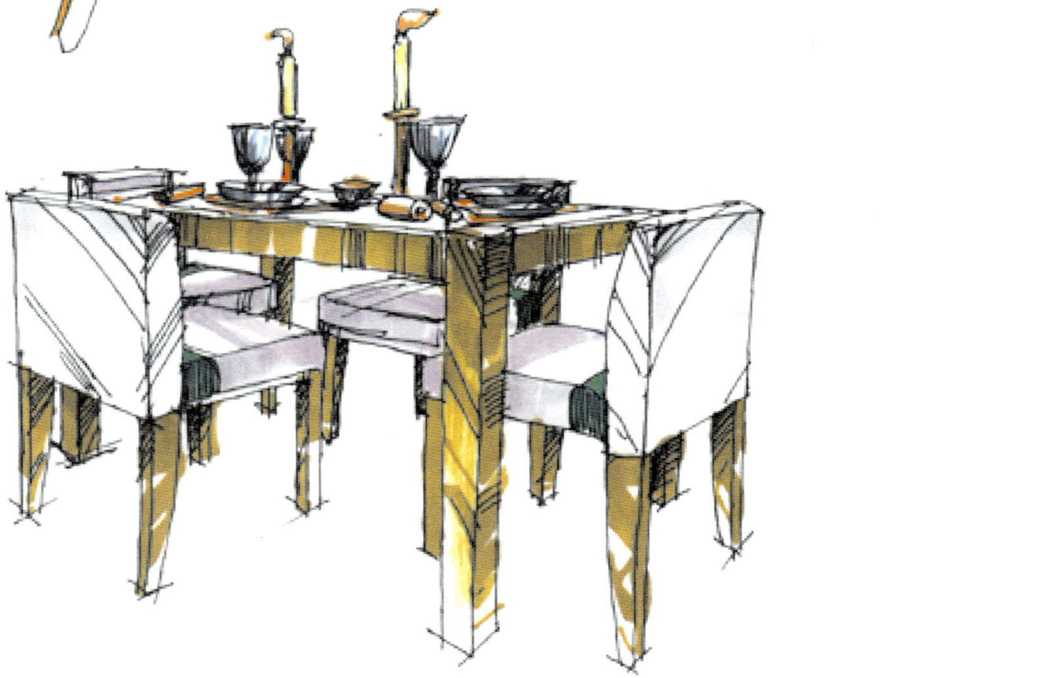

准备工具：

“T”牌马克笔：YR-23，YR-101，YR-99，PB-77，GY-49，G-46。“D-M”牌马克笔：No.1。

学习要点：

注意色彩的搭配关系。

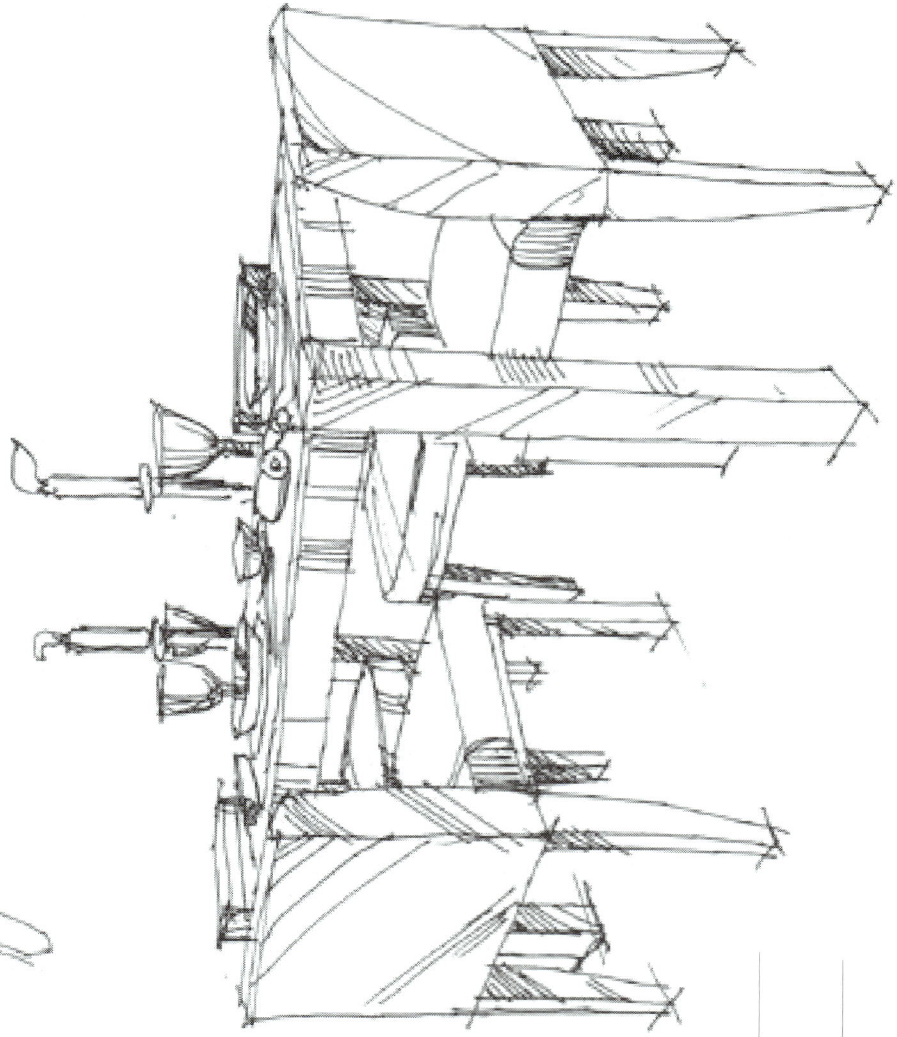

班级______

姓名______

日期______

(4) 休闲椅

准备工具：

“T”牌马克笔：BG-58，PB-77，PB-76，BG-3，Y-104，YR-101，YR-24。“M”牌马克笔：No.57。“D-M”牌马克笔：No.1。faber-castell牌彩铅：447。

学习要点：

当色彩的过渡色域不够时，建议采用复合型技法表现。先用彩铅，再使用马克笔。

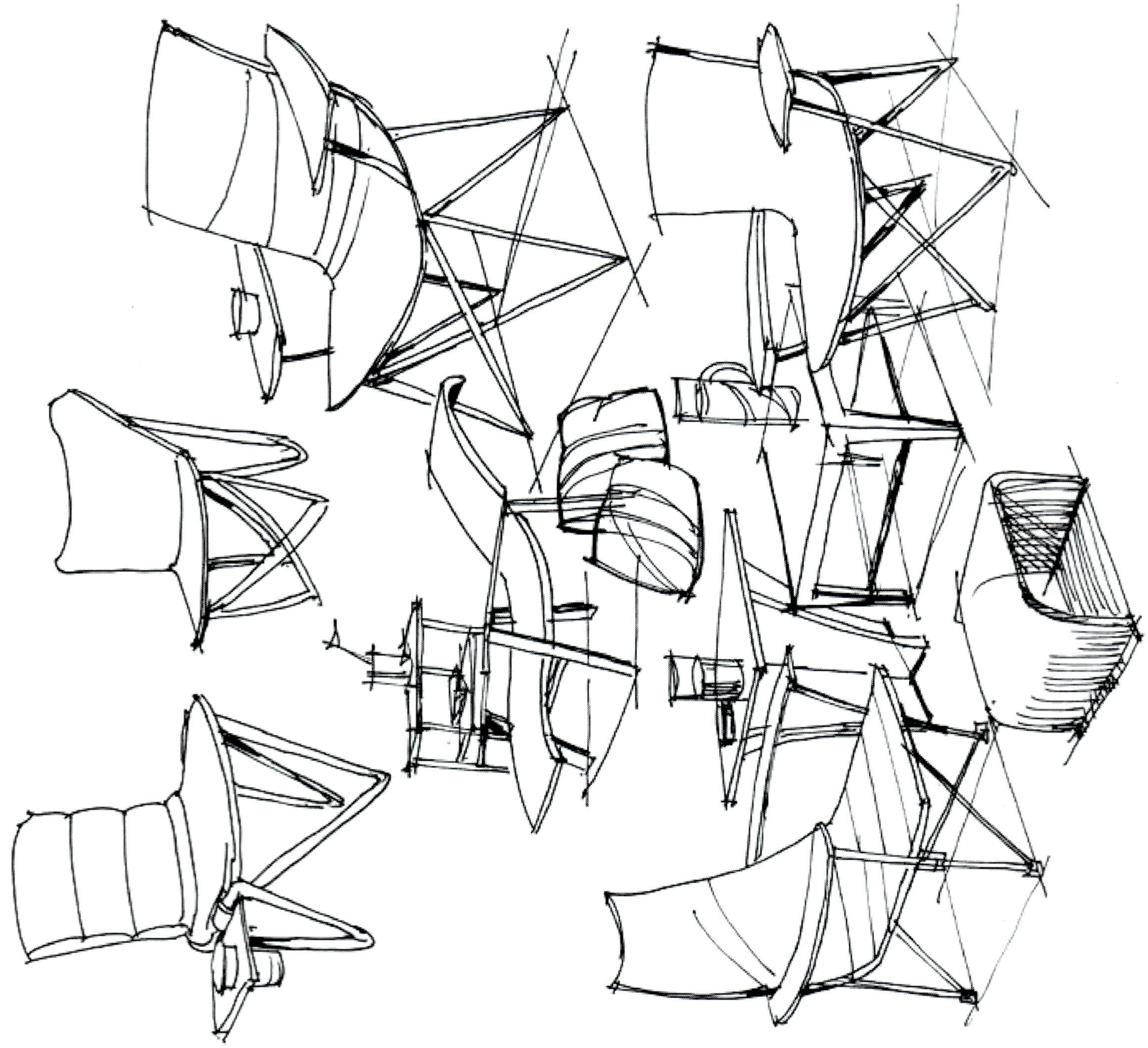

班级

姓名

日期

(5) 西餐椅

准备工具：

“T” 牌马克笔：PB-77，BG-1，BG-3，BG-5，Y-104，GY-48，YR-103，R-14。“D-M”牌马克笔：No.1。“M” 牌马克笔：No.23，45，54；faber-castell牌彩铅：430。

学习要点：

先画浅色，后加深，一步步地画，不要乱了步骤。

班级____________________

姓名____________________

日期____________________

(6) 客厅沙发椅

准备工具：

"T"牌马克笔：YR–21，Y–36，YR–97，BG–1，BG–3，R–14，B–66，YR–24，PB–77，G–55。"T"牌马克笔：No.1。彩铅：409。

学习要点：

用笔要放松，不必拘谨。

班级

姓名

日期

(7) 双人床

准备工具：

“T”牌马克笔：Y–104，YR –97，YR –24，BG –1，BG –3，WG –1，WG –3，WG–5，R–14，B–66，YR–24，PB–77，G–55。“D–M”牌马克笔：No.1。“M”牌马克笔：No.30。彩铅：409。

学习要点：

第一遍完成后要等它干透，再续画。

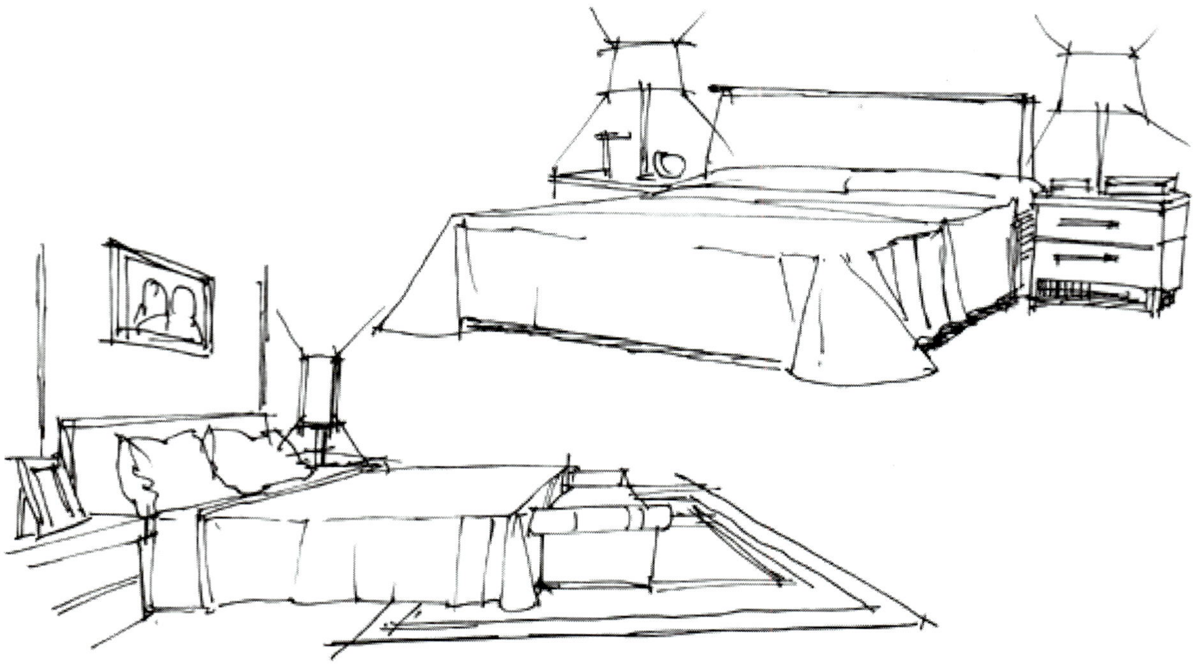

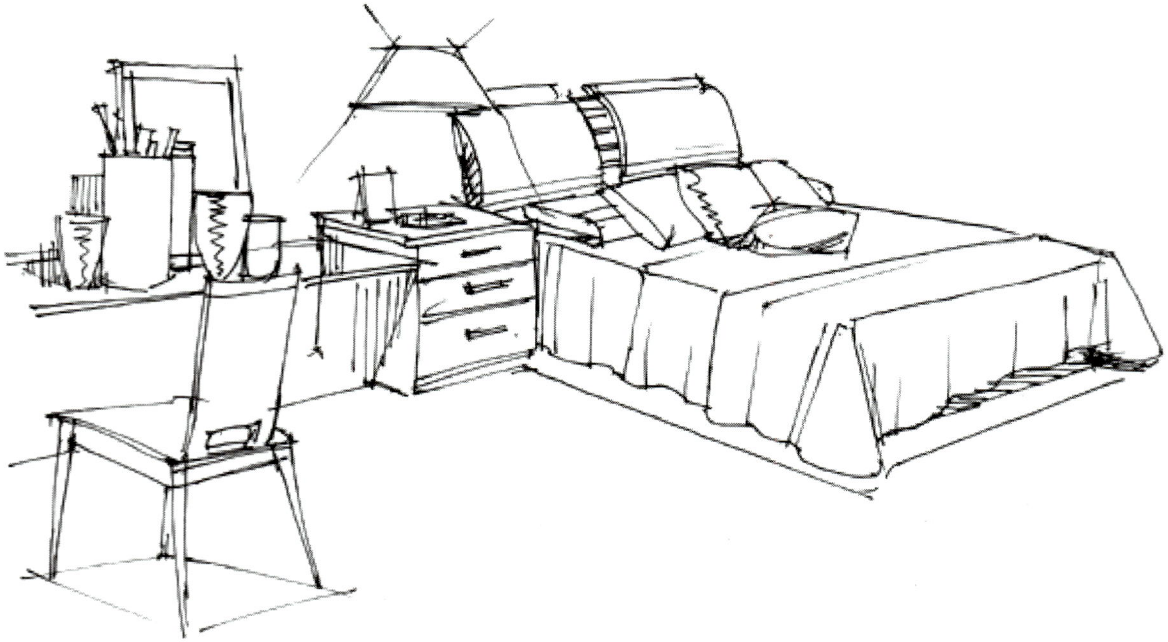

班级＿＿＿＿＿＿＿＿

姓名＿＿＿＿＿＿＿＿

日期＿＿＿＿＿＿＿＿

（8）陶瓷装饰品

准备工具：

“T”牌马克笔：PB-77，BG-58，Y-104。“D-M”牌马克笔：No.1。“M”牌马克笔：No.23；彩铅：443，409。

学习要点：

室内陈品表现，因为面积不大，以及仅作为点缀。因此不要过分地表现。

班级______________

姓名______________

日期______________

（9）室内绿化

准备工具：

“T”牌马克笔：PB-77，BG-57，BG-53，G-46，R-14。“D-M”牌马克笔：No.1 “M”牌马克笔：No.4，11，23。彩铅：443，409。

学习要点：

注意绿化的层次。

班级____________

姓名____________

日期____________

（10）陈设小品练习

准备工具：

"T"牌马克笔：Y-104，G-46，BG-51，BG-68，G-59，YR-24，YR-23，R-14，RY-97。"M"牌马克笔：No.23，40，41，43。"D-M"牌马克笔：No.1。

学习要点：

利用马克笔的特点，采用复笔的方式，可以做到既有变化又有统一的效果。

班级________________

姓名________________

日期________________

第三章　技法练习

●**教学目的**

本阶段的技法练习以临摹学习的方式为主。其目的：通过临摹学习，帮助初学者练习造景、造型的技法，以便更加快速地掌握马克笔表现的常用技法。

●**教学内容**

在教学内容上，以循序渐进教学理念安排教学。从小空间，与生活密切联系的居住空间开始学习，如卧室、客厅、书房，逐步向中等的公共空间过渡，如大堂、餐厅、会议室等，然后过渡到室外空间的学习。与此同时，需通过“量化”训练方式的配合，最终达到熟能生巧的目的。

●**学习要点**

1.“临摹”不是机械地依着葫芦画瓢，要留心学习原作品的用笔技法。如果在画完后能够记住刚刚画的是什么，怎样画的，那就更好了。因此，建议：最好能通过默写方式再画一遍或多画几遍。

2. 不论表现对象的空间是大还是小，在整体上的色调统一，局部上的色彩对比的审美原则是一样的。

3. 马克笔的基本要领：“留白”，“整齐”，“流畅”，“肯定”。

留白：是为表现物体的“高光”，或为“透气”而采取的技法。

整齐：马克笔与铅笔表现技法基本相似，笔触需要相对的整齐排列。

流畅：熟能生巧，讲究笔触的连贯性。

肯定：下笔要胆大，落笔肯定。

4. 马克笔的基本步骤：“先浅后深”。

5. 忌讳之处：

(1) 上色时不守轮廓边线，易造成画面的形体感不完整；

(2) 不同的冷暖色交替运用，易造成画面“脏”；

(3) 用色种类过多，画面色调不易统一；

(4) 对大面的图形平涂时，易产生“呆板”效果。

第一节　居住环境

（1）客厅一角

准备工具：

“T”牌马克笔：Y-104，YR-101，RY-97，R-14，YR-24，PB-77，BG-5，WG-3。“M”牌马克笔：No.11，4。“D-M”牌马克笔：No.1。彩铅：407。

学习要点：

注意利用装饰小品的色彩，达到画面的色彩平衡。

班级＿＿＿＿＿＿＿＿

姓名＿＿＿＿＿＿＿＿

日期＿＿＿＿＿＿＿＿

(2) 茶室空间

准备工具：

"T"牌马克笔：CG-3，WG-3，WG-5，YR-97，YR-102，YR-101，YR-24，PB-77，PB-75，PB-64，BG-5，BG-58，G-45，R-14。

"D-M"牌马克笔：No.1。

学习要点：

在造型的同时，还要注意笔触表现。

班级____________

姓名____________

日期____________

(3) 跃层式的客厅

准备工具：

“T”牌马克笔：Y-104，YR-24，YR-97，YR-102，GY-49，YR-97，CB-3，PB-75，PB-77，WG-5，G-55，BG-51。“M”牌马克笔：No.44。“D-M”牌马克笔：No.1。

学习要点：

注意色块的渐变表现，忌平涂上色。

班级____________

姓名____________

日期____________

(4) 居室空间布置设计

准备工具："T"牌马克笔：CB-3，PB-75，PB-77，WG-5，BG-53，Y-36，Y-101。"M"牌马克笔：No.18，24。"D-M"牌马克笔：No.1。
学习要点：上色，不一定每一个地方都要上，而是根据空间主要表达的对象来处理，这样就有"画味"了。

班级________________

姓名________________

日期________________

(5) 大空间的客厅设计

准备工具：

“T”牌马克笔：CG-3，BG-68，GY-48，R-98，YR-23。“M”牌马克笔：No.44。“D-M”牌马克笔：No.1。

学习要点：

强调主题的表现手法，很容易出效果，但要注意过渡的恰到好处。

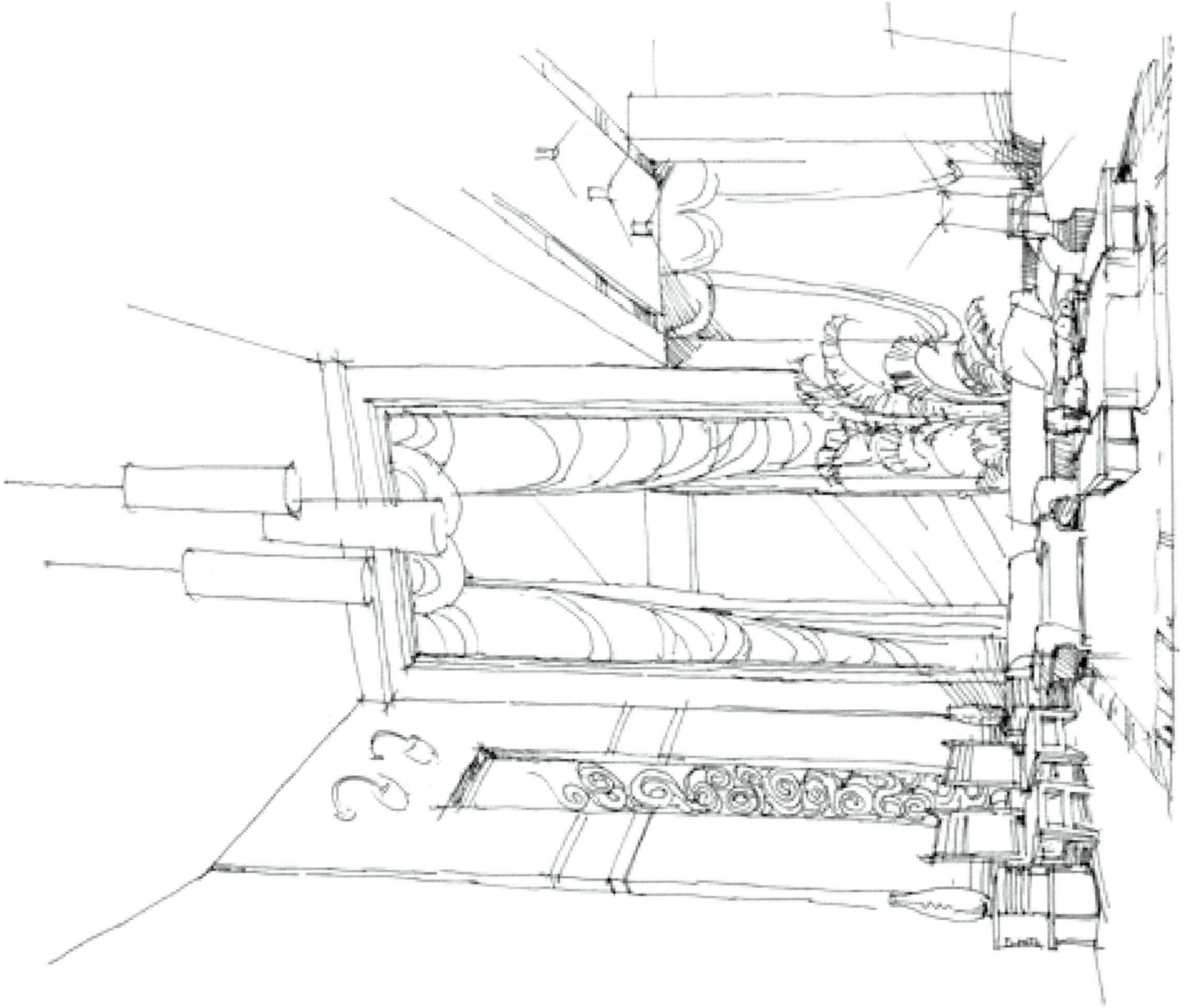

班级

姓名

日期

(6) 休闲风格的客厅设计

准备工具：

“T”牌马克笔：PB-77，WG-3，WG-5，Y-32，Y-29，YR-21，YR-23，YR-24，YR-97，RP-9，R-94，R-1，BG-68，BG-3，BG-5。“M”牌马克笔：No.52。“D-M”牌马克笔：No.1，23。

学习要点：

沙发（座椅）靠垫，一般是作为画龙点睛的手法对待，但此时不宜多画，保持一点“净土”，反而感觉好些。

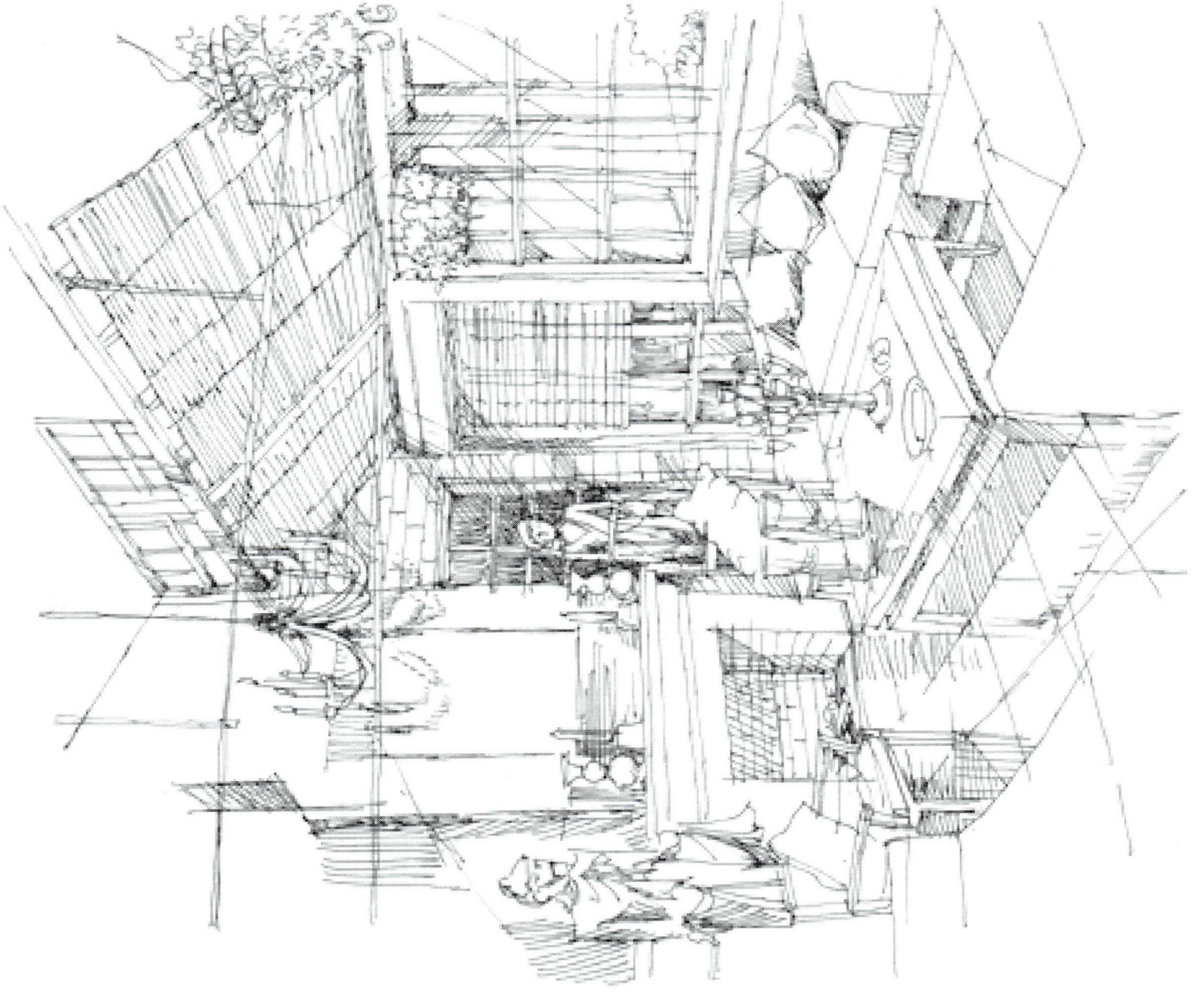

班级________ 姓名________ 日期________

(7) 某公寓客厅

准备工具：

“T”牌马克笔：GG-3，BG-53，YR-97；YR-95，WG-3，WG-5。“M”牌马克笔：No.57，40。“D-M”牌马克笔：No.1。

学习要点：

注意整体和细部的关系，避免“花”的感觉。以三种颜色为主，再作一点对比色的选择即可。

班级________________

姓名________________

日期________________

(8) 某别墅客厅

准备工具：

“T”牌马克笔：Y-100，Y-104，Y-32，WG-3，WG-5，RP-9，YR-95，BG-1，BG-3，BG-5，PB-84，“M”牌马克笔：No.24。“D-M”牌马克笔：No.1。

学习要点：

注意色调的统一和对比色彩的处理，这样会使画面明快。

班级________________

姓名________________

日期________________

(9) 某公寓的两个厅

准备工具：

"T"牌马克笔：PB-77，BG-48，Y-104，YR-31，YR-103，R-94，R-11，WG-1，WG-3，CG-4，CG-7。"M"牌马克笔：No.24。"D-M"牌马克笔：No.1。

学习要点：

由于"T"牌马克笔的油性特点，停留时间不同，其效果也不同。因此，注意落笔与起笔的技法应用。

班级______________

姓名______________

日期______________

(10) 坡屋顶的卧室

准备工具：

"T"牌马克笔：YR-24，GY-49，Y-104，YR-101，BG-5，YR-97，BG-57，BG-68，B-66，CG-5。"M"牌马克笔：No.24。"D-M"牌马克笔：No.1。

学习要点：

试图表现柚木地板的色彩效果，如果没有合适的色彩表现，则可以采用先画冷灰色，再画暖灰色。

班级__________________

姓名__________________

日期__________________

(11) 带休息室的卧室

准备工具：

"T"牌马克笔：P-84，RP-9，Y-104，Y-100，Y-36，R-94，R-98，YR-97，WG-1，WG-3，WG-5，CG-3，CG-5。"M"牌马克笔：No.24。"D-M"牌马克笔：No.1。

学习要点：

地毯色彩的选择应考虑与墙面装饰色彩呈现对比色，但主要的色调定为白色。这种白色调是略带暖色的"白调"。

班级________________

姓名________________

日期________________

（12）欧式风格的卧室

准备工具：

“T”牌马克笔：Y-104，Y-100，R-94，R-14，YR-21，YR-97，WG-1，WG-3，WG-5，CG-3，CG-5。“M”牌马克笔：No.24。“D-M”牌马克笔：No.1。

学习要点：

室内透视线条要准确、流畅，上色时不必拘谨，要放松。

班级________________

姓名________________

日期________________

（13）现代风格的卧室

准备工具：

“T”牌马克笔：PB–77，BG–48，Y–104，YR–31，YR–103，R–94，R–11，WG–1，WG–3，CG–4，CG–7。“M”牌马克笔：No.24。“D–M”牌马克笔：No.1。

学习要点：

根据“T”牌马克笔的特点，若要达到退晕效果，则需一口气画完；若要达到明显笔触效果，则要等第一遍画完干后再画。

班级____________

姓名____________

日期____________

第二节　工作环境

（1）阁楼上的书房

准备工具：

“T”牌马克笔：GY-48，YR-24，YR-23，YR-97，R-14，CG-3，WG-5。“D-M”牌马克笔：No.1。

学习要点：

适当做一点色彩的呼应和过渡，画面同样有协调之感。

班级＿＿＿＿＿＿＿＿

姓名＿＿＿＿＿＿＿＿

日期＿＿＿＿＿＿＿＿

（2）某住宅书房

准备工具：

“T”牌马克笔：CG-2，GG-4，CG-7，YR-103，Y-104，R-94，R-97，RP-11，GY-48，G-50，G-47，PB-77。

“M”牌马克笔：No.1。

学习要点：

注意每一块颜色的变化，不要超出这块色的色相。如图中的“门”的表现，层次很明显，采用了明度上的变化。其他地方同样如此。

班级______________

姓名______________

日期______________

(3) 某公司的接待室

准备工具：

“T”牌马克笔：WG-1，WG-3，WG-7，GG-4，BG-3，BG-5，PB-76，PB-77，GY-48，BG-50，R-97，RP-9。“M”牌马克笔：No.1。

学习要点：

强调结构的画法，其效果简捷、快速。

班级________________

姓名________________

日期________________

(4) 某公司的休息室

准备工具：

"T"牌马克笔：R-94，R-97，Y-104，Y-103，WG-1，WG-3，CG-7，GY-48，G-47，BG-50，PB-76。"M"牌马克笔：No.1。

学习要点：

先画浅色，再画深色，步骤不要乱。等第一遍完成并且干后，再上第二遍色彩。

班级______________

姓名______________

日期______________

(5) 办公环境

准备工具：

"T"牌马克笔：CG-2，CG-4，CG-7，BG-50，BG-68，PB-69，PB-76，YR-31，YR-21，WG-1，WG-3，G-43，GY-48。

"M"牌马克笔：No.1。

学习要点：

马克笔的画面一定是留白，画"黑"，效果才佳。

班级____________

姓名____________

日期____________

第三节 室内公共环境

（1）某酒店大堂

准备工具：

“T”牌马克笔：Y-23，Y-32，Y-36，YR-97，P-84，R-98，WG-3，WG-5。“M”牌马克笔：No.1。

学习要点：

马克笔一般采用留白、镂空等技法，但要注意色彩过渡自然，多画并不好。

班级________________

姓名________________

日期________________

(2) 某酒店中庭

准备工具："T"牌马克笔：YR-97，YR-24，YR-99，WG-3，WG-5，PB-77，BG-9，G-55。"M"牌马克笔：No.1。彩铅：409。
学习要点：适当采用彩铅帮助灰色自然过渡。

班级______________

姓名______________

日期______________

(3) 某公司会议室

准备工具：

"T"牌马克笔：BG-68，PB-75，PB-77，CG-5，CG-7，BG-5，YR-97，YR-102，Y-104，WG-1，WG-3，WG-5，CG-3，BG-58，G-46。"M"牌马克笔：No.1。

学习要点：

注意重点表达。强调以会议桌为中心的关系。

班级______________

姓名______________

日期______________

(4) 特色餐厅

准备工具："T"牌马克笔：BG-68，BG-58，BG-53，CG-3，PB-77，PB-64，B-66，GY-49，Y-104，G-55，WG-5，YR-97，YR-102，R14。"M"牌马克笔：No.24。"D-M"牌马克笔：No.1。

学习要点：注意在整体效果中求变化。

班级________________

姓名________________

日期________________

(5) 酒店餐厅

准备工具："T"牌马克笔：BG-68，BG-51，BG-3，BG-5，B-66，CG-1，CG-3，CG-5，G-55，G-46，WG-1，WG-3，YR-99，PB-77，PB-75，YR-23，YR-24。"M"牌马克笔：No.24。"D-M"牌马克笔：No.1。

学习要点：如果表现档次高一点的酒店餐饮空间，笔触应以渲染为主要表现形式。

班级________________

姓名________________

日期________________

(6) 传统风格的餐厅

准备工具：

“T” 牌马克笔：WG-1，WG-3，WG-5，CG-3，CG-5，YR-97，YR-24，Y-100，R-14。“M” 牌马克笔：No.4，11。“D-M” 牌马克笔：No.1。

学习要点：

注意绘画的步骤，先整体后局部，先画浅色后加深。

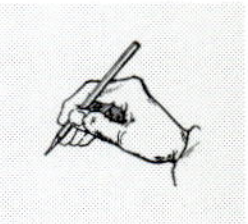

班级________________

姓名________________

日期________________

(7) 室内共享空间

准备工具：

"T"牌马克笔：BG-1，BG-3，BG-5，B-66，BG-53，BG-58，BG-68，G-46，CG-1，GG-3。"D-M"牌马克笔：No.1。

学习要点：

大空间的表现，应注意从整体效果出发，不去纠缠小节。

班级________________

姓名________________

日期________________

第四节　室外公共环境

(1) 温泉景观

准备工具：

水表现："T"牌马克笔：PB-77，PB-75，PB-72。"M"牌马克笔：No.11，No.14，No.15。其他表现："T"牌马克笔：BG-1，BG-3，GG-3，WG-1，WG-3，YR-99，YR-94，YR-100。"D-M"牌马克笔：No.11，15，21，18，40，44，52。

学习要点：

上色注意由浅到深的程序，切记不要乱。最后再上最深的色彩。

班级________________

姓名________________

日期________________

(2) 接待中心景观

准备工具："T"牌马克笔：PR-89，R-14，RP-9，Y-32，YR-24，YR-97，P-84，G-55，BG-53，BG-58。"D-M"牌马克笔：No.11，15，40，44，52。

学习要点：木栈道的表现，先平涂浅色，然后上深色，此时注意不要采取平涂的方式，适当留空，可以得到透气的感觉。

班级________

姓名________

日期________

(3) 休闲长椅

准备工具：

“T”牌马克笔：WG-3，WG-5，PB-70，PB-75，PB-77，G-59，BG-57，BG-53，YR-100，YR-104，YR-97，YR-23，GY-49，Y-29，R-94。“M”牌马克笔：No.52，11，14，17，60。“D-M”牌马克笔：No.1。

学习要点：

强调主体的构件部分，此时的绿化表现只是陪衬，不宜多画。

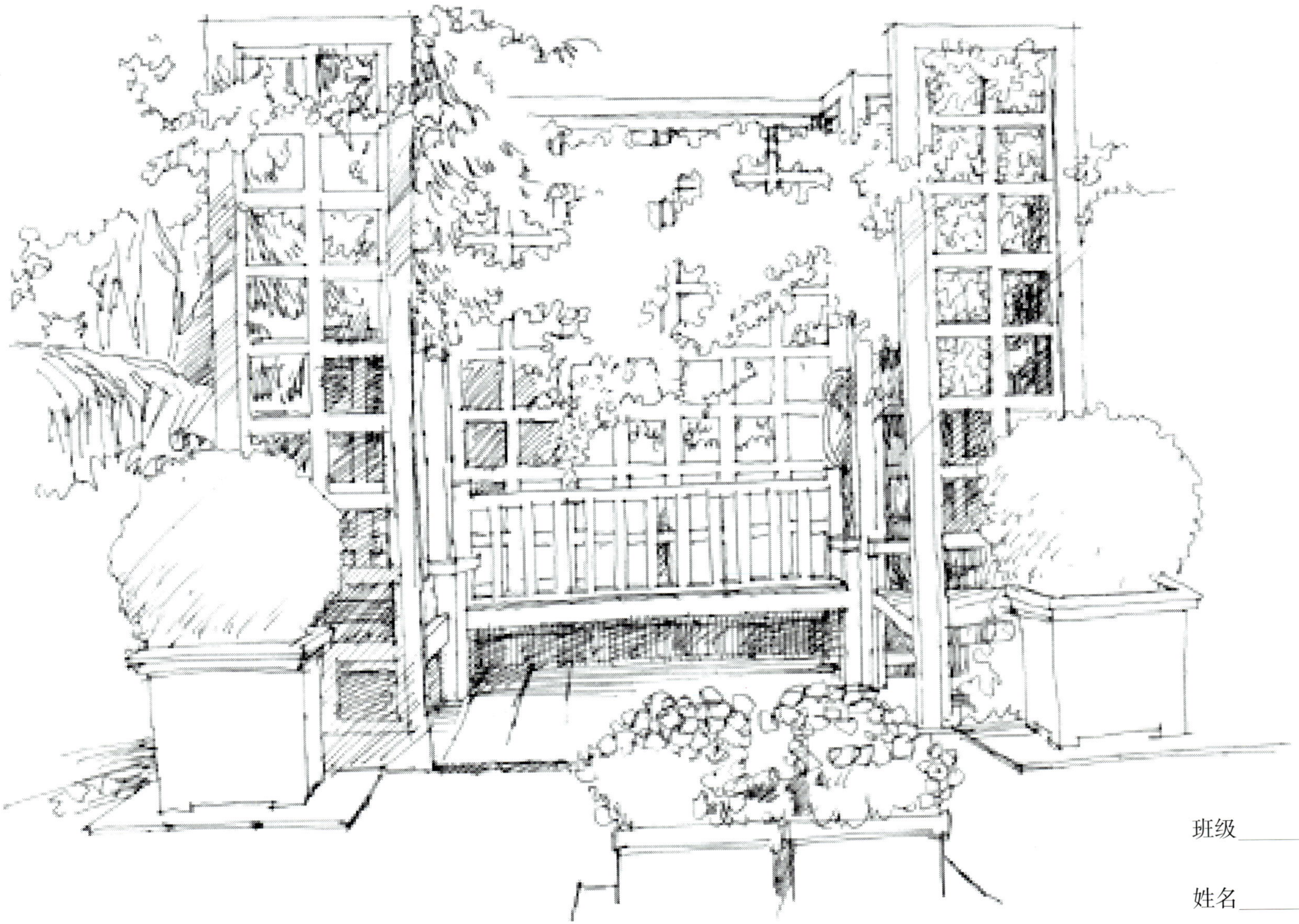

班级

姓名

日期

(4) 某商业步行街入口

准备工具：

“T”牌马克笔：B-66, BG-1, BG-5，WG-5，G-50，YR-24，YR-97，R-14。“D-M”牌马克笔：No.1。

学习要点：

天空的画法，采用B-66一气呵成，深色的地方采用复笔的方式完成。

班级________________

姓名________________

日期________________

(5) 某温泉度假接待中心

准备工具：

“T”牌马克笔：PB–75，PB–77，WG–3，BG–5，GG–3，P–84。“M”牌马克笔：No.1。

学习要点：

采用“M”牌马克笔No.1点缀、收拾。

班级____________

姓名____________

日期____________

(6) 某建筑设计方案

准备工具：

“T”牌马克笔：BG-3，BG-5，YR-104，PB-77，BG-68。“D-M”牌马克笔：No.1，14。

学习要点：

从结构入手，尽量少画，这是快速的方法之一。

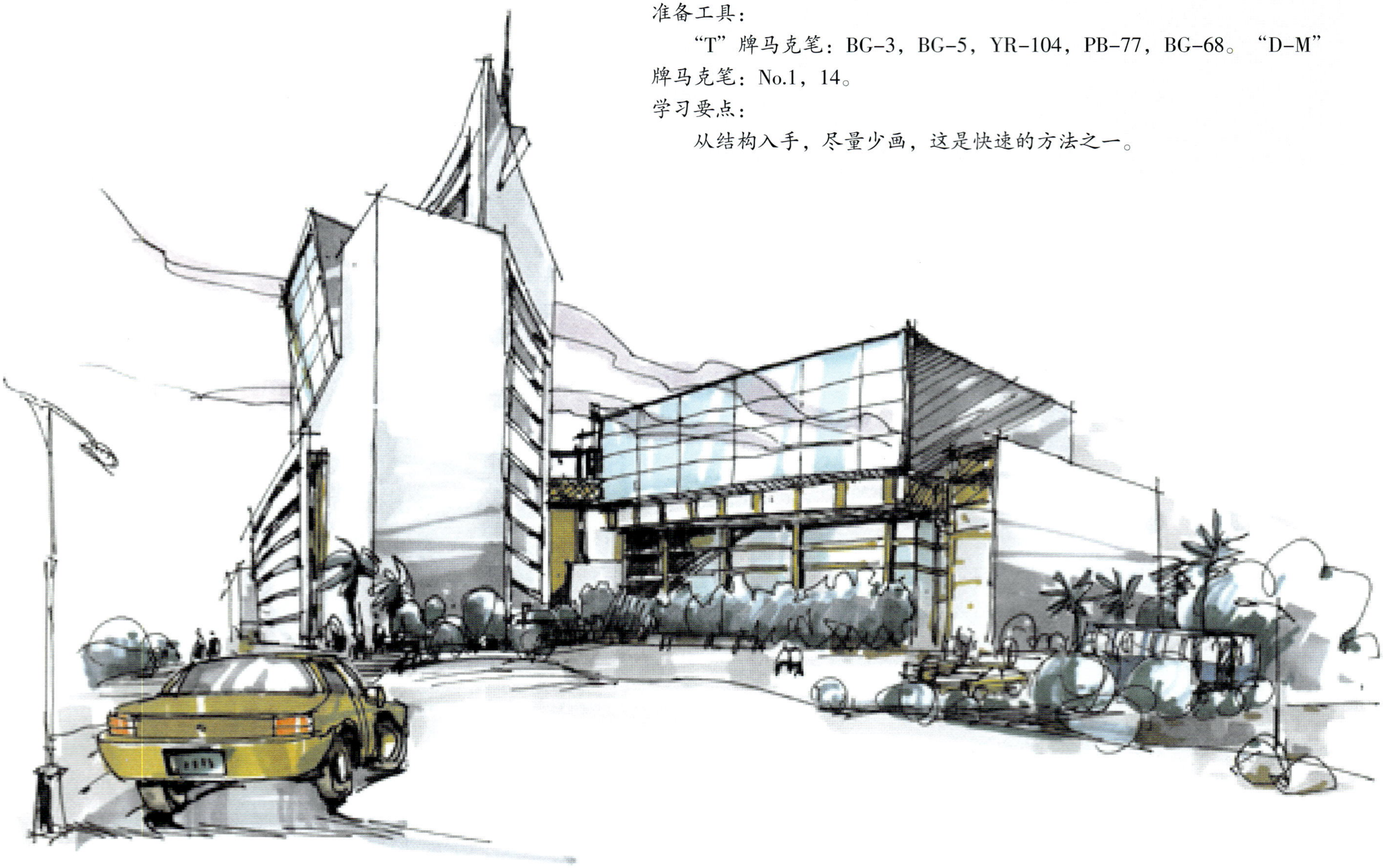

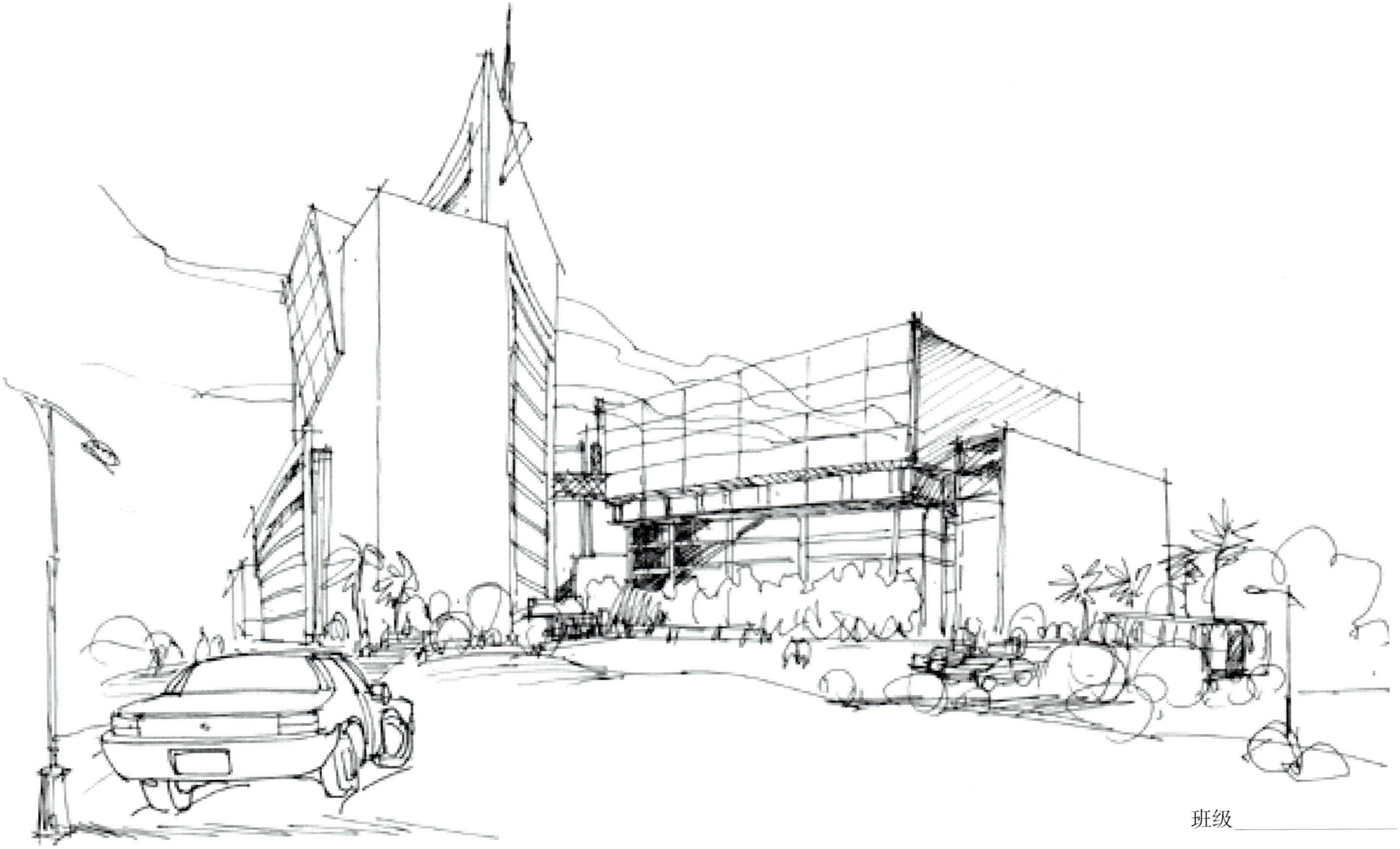

班级________________

姓名________________

日期________________

(7) 某欧陆风情商业街景观

准备工具:

"T"牌马克笔:BG-3,WG-3,PB-64,YR-21,YR-97,PB-75,PB-77。"M"牌马克笔:No.40,38。"D-M"牌马克笔:No.1。Watercolour-Faber牌铅笔:447。

学习要点:

上色时注意守边线。

班级________________

姓名________________

日期________________

(8) 某科技研发中心大楼设计方案

准备工具：

“T”牌马克笔：BG-3，BG-5，BG-57，BG-68，G-47，PB-77，YR-103，YR-97。“D-M”牌马克笔：No.1。

学习要点：

注意整体的色调偏灰色，适当地采用对比色，起到点睛的作用。

班级______________

姓名______________

日期______________

(9) 教学实验楼设计方案

准备工具："T"牌马克笔：YR-21，WG-3，WG-5，WG-7，BG-58，BG-53，BG-51，G-59，CG-3，R-14。"D-M"牌马克笔：No.1。

学习要点：建筑色彩不宜太多，常用的做法是复笔，或同类色的表现。

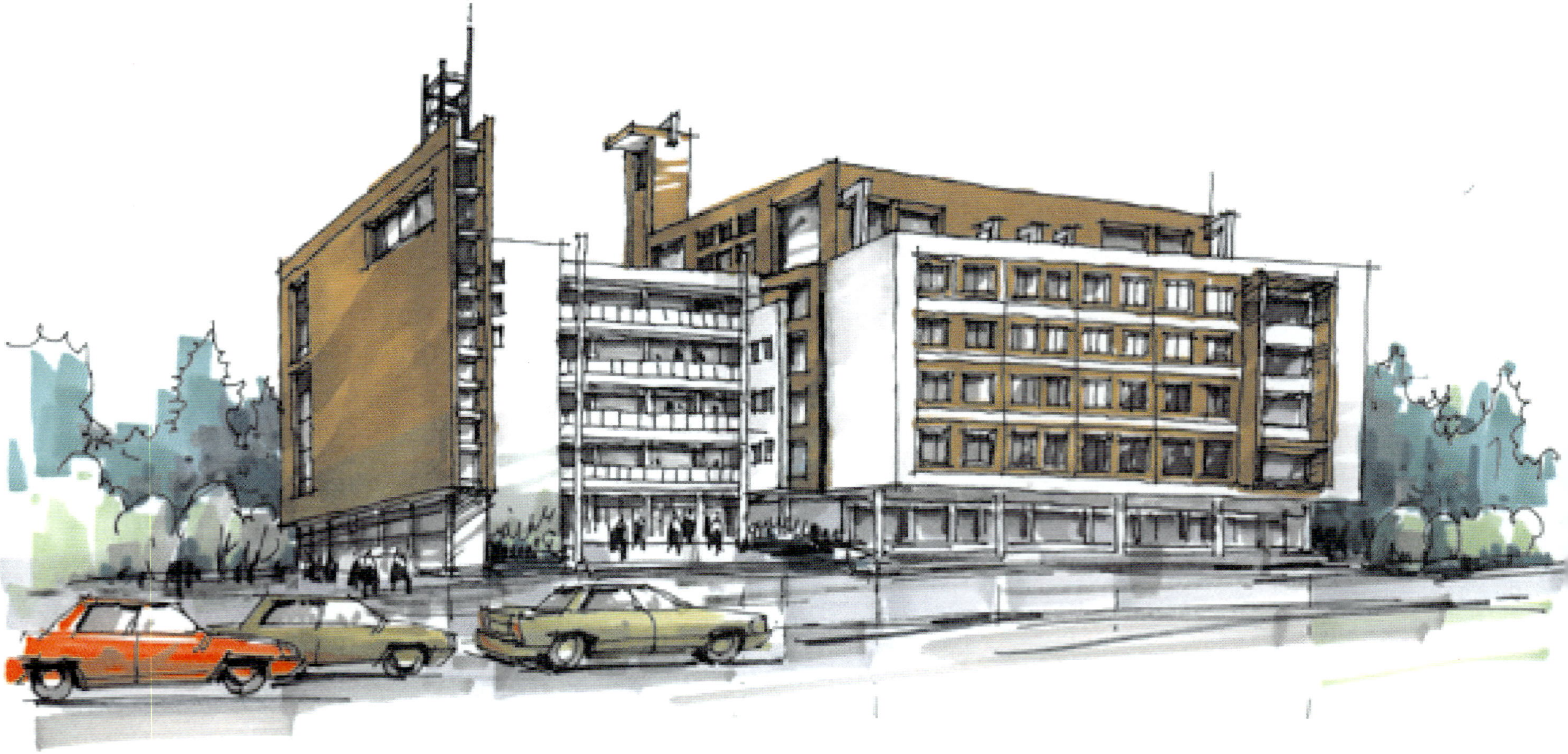

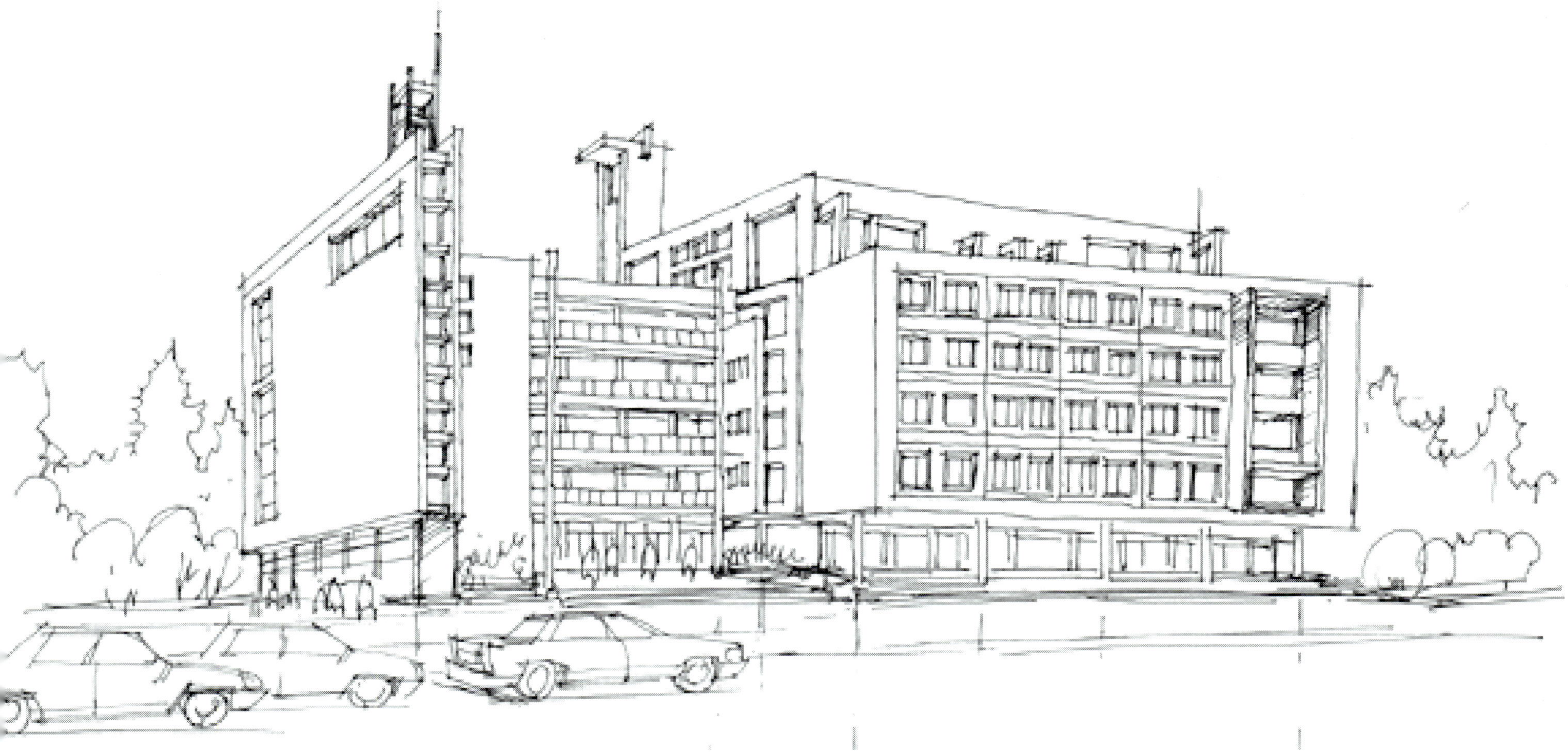

班级______________

姓名______________

日期______________

(10) 传统手工艺博览中心设计

准备工具：

"T"牌马克笔：BG-3，BG51，WG-3，YR-21，PB-77，PB75，G-55，GY-47，YR-100，PR-89。"D-M"牌马克笔：No.1。"M"牌马克笔：No.45。

学习要点：

天空的笔触起到一种过渡作用。

班级________________

姓名________________

日期________________

(12) 某学校新校区教学楼设计

准备工具："T"牌马克笔：PB-77，YR-97，BG-58，BG-57，GY-47，B-64，B-66。"D-M"牌马克笔：No.1。"M"牌马克笔：No.44，51。
学习要点：画天空时，注意"动势"（云的走向）与构图的需要相配合。

班级______________

姓名______________

日期______________

(13) 某旅游区景观建筑设计

准备工具：

"T"牌马克笔：BG-3，BG-5，PB-77，PB-75，PB-72，CG-1，GY-49，WG-5，G-46。"D-M"牌马克笔：No.1。

学习要点：

天上的云不一定是蓝色。但只要云的色彩与画面的色调相吻合即可。

班级________________

姓名________________

日期________________

第四章　技法应用

●教学目的

通过本阶段的技法练习，达到“会用”的目的。“会用”是指绘图者不需借助参考图，仅仅针对设计表现的需要，利用马克笔等绘画工具，便能够做到笔随心愿地表现任何形象、空间的设计意图。这也是每一个学习表现技法者的最终目标。

●教学内容

本阶段主要安排从技法学习过渡到技法实践的练习，有三个步骤：（1）改画；（2）重画；（3）续画。

第一步，改画。

对象：根据黑白画作品进行“改画”练习。“改画”的重点在于改变原有色调。

要求：保持基本构图、造型不变，主要改变原有的色调，将黑白画改成彩色画。

目的：培养学生掌控画面色调的协调能力，以及上色技法表现的应用能力。

说明：（1）如果自选作品，建议选择黑白画一类的作品为对象进行改画，更有锻炼的价值。

（2）评分标准：选择黑白画为改画对象，分值系数为0.5；选择彩色画为改画对象，分值系数为0.2；选择彩色画为临画对象，分值系数为0。

第二步，重画。

对象：根据本书提供的黑白画作品进行“重画”练习。“重画”的重点在于改变原有陈设品的造型。

要求：基本构图、陈设品的位置不变，要求改变原有陈设品的造型。

目的：培养学生掌控画面透视空间中元素造型的能力，进一步加强上色技法表现的应用能力。

说明：（1）元素是指画中不能拆解的造型物体，如椅子、花瓶等。如果要改变原有造型，就得换一把椅子，或换一个花瓶的造型。

（2）评分标准：改4处，分值系数为0.6；改3处，分值系数为0.4；改2处，分值系数为0.2；改1处，分值系数为0。

第三步，续画。

对象：从提供的某酒店中庭5个设计方案中体会设计要求，对本书提供的未完成作品进行“续画”。

要求：基本透视空间不变，根据本人对该酒店中庭室内环境设计方案要求的理解，对未完成的空间透视图进行“续画”。

目的：培养学生掌控画面透视空间中元素造型的设计能力，设计表现的应用能力。

说明：（1）“续画”难度在于先要设计，才能完成表现。因此，建议：如果你是室内设计专业的学生，一定要选择“续画”的学习方式。如果你是建筑设计专业的学生，可以选择“改画”的学习方式。

（2）评分标准：采用“续画”练习，分值系数为0.3；采用“改画”练习，分值系数为0。

●学习要点

（1）学会如何构图。利用“对比”思维，调整构图关系。比如，若画面是以横向物体为主体，在构图时，可以考虑将次要的竖向物体重新调整。如一张桌子横在画面，可将一张椅子放在前面；相反，若画面是以竖向物体为主体，可以考虑将次要的横向图形重新调整。如室内的立柱，在前面采用绿化的枝叶来打破。

（2）学会掌控色调。利用“对比”思维，调整色彩关系。如果在以冷色色调为主的画面中加上对比色——暖色，则画面显得醒目；相反，如果在以暖色色调为主的画面中加上对比色——冷色，画面也会显得醒目。

(3) 多默写室内陈设用品，如座椅、沙发、床等，有助于技法创作表现。默写不等于照搬，而在于理解“万变不离其宗”的道理。

(4) 能帮助你“默写”的最好方法是：首先，要了解所画对象的基本结构、构造以及规律；其次，要多练习，多思考，多总结。

(5) 掌握正确、简便的透视表现方法至关重要。因为，良好的空间透视架构的图面是表现图成功的基本保证。

第一节 改 画

1. 作业对象

根据黑白画作品进行“改画”练习，改成彩色图。（这是一幅选自《建筑画环境表现与技法》中的钢笔画，作者钟训正。）

2. 作业要求

“改画”的重点在于改变原有色调。要求保持基本构图和元素造型不变。

3. 评分标准

选择黑白画为改画对象，分值系数为0.5；选择彩色画为改画对象，分值系数为0.2；选择彩色画为临画对象，分值系数为0。

学习要点：

由于该画为钢笔画，因而在改画时要注意马克笔画的特点，适当减少为表现光影或物体的立体感而采用的线条。

准备工具：

“T”牌马克笔：YR-97，YR-104。

“M”牌马克笔：No.41，23。

第二节 重 画

1. 作业对象

根据黑白画作品进行“重画”练习，改变陈设品的造型或重新造型。（这是一幅选自《钢笔建筑室内环境技法与表现》中的钢笔画，作者吴卫。）

2. 作业要求

保持基本构图，陈设品的位置不变，根据本人对作品的理解和审美情趣，对其改变原有陈设品的造型或重新造型，然后再着色。

3. 评分标准

改4处，分值系数为0.6；改3处，分值系数为0.4；改2处，分值系数为0.2；改1处，分值系数为0。

此画为改变原有造型。
准备工具：“T”牌马克笔：WG-3，WG-5，WG-7，PB-77，CG-3，CG-5，P-84，BG-53，BG-58，BG-68，GY-47，YR-97，YR-95，YR-21，Y-32，Y-36，R-14。“M”牌马克笔：No.1。

此画为重新塑造原有造型。
准备工具：“T”牌马克笔：BG-5，RP-9，R-27，GY-47，G-46，G-59，BG-53，Y-36，WG-3，Y-104，Y-100，R-14。“D-M”牌马克笔：No.1。

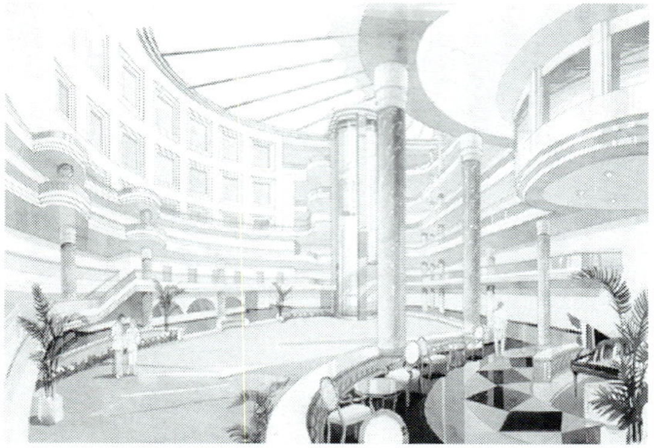

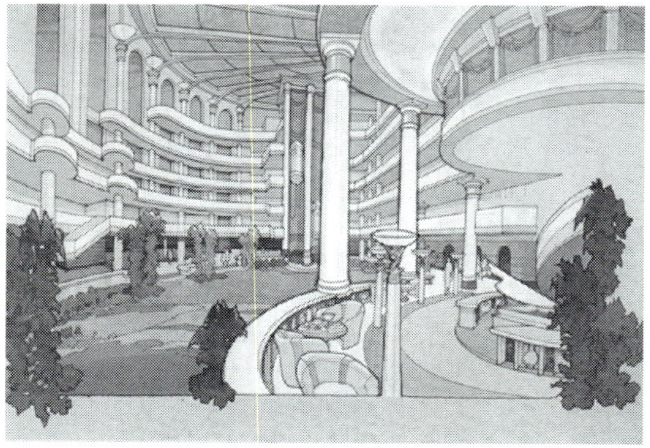

第六个方案 由你来完成

第三节　续　　画

1. 作业对象：根据甲方要求，本次设计方案要求6个。现已完成5个方案，还缺少一个方案，这第六个方案由你来完成。
2. 作业要求：基本透视空间不变，根据你对以上某酒店中庭5个设计方案中的观察和体会，完成第六个方案。
3. 评分标准：采用“自画”练习，分值系数为0.3；采用“改画”练习，分值系数为0。

说明：方案完成后，可采用电子文件形式寄到：landscapedesign05@126.com.“马克笔表现技法”教研组，我们期待您的作品。

室内设计续画表现条件图

参考文献

[1] 洪惠群著.建筑与环境表现技法［M］. 广州：华南理工大学出版社，2007.
[2] 吴卫.钢笔建筑室内环境技法与表现［M］. 北京：中国建筑工业出版社，2002.
[3] 赵国斌.手绘效果图表现技法室内设计［M］. 福州：福建美术出版社，2006.
[4] 杨健.室内空间徒手表现法［M］. 沈阳：辽宁科学技术出版社，2003.
[5] 王少斌.家居空间设计手绘案例［M］. 沈阳：辽宁科学技术出版社，2004.
[6] 郑孝东编著.手绘与室内设计［M］. 海口：海南出版公司，2004.
[7] 钟训正.建筑画环境表现与技法［M］. 北京：中国建筑工业出版社，1985.